U0094637

老獅說教你用短影音賺大錢

商業短影音領頭羊

老獅說 Lion 著

38案例分析× 38應用策略，
千萬教練帶你從無名小白變身業績王

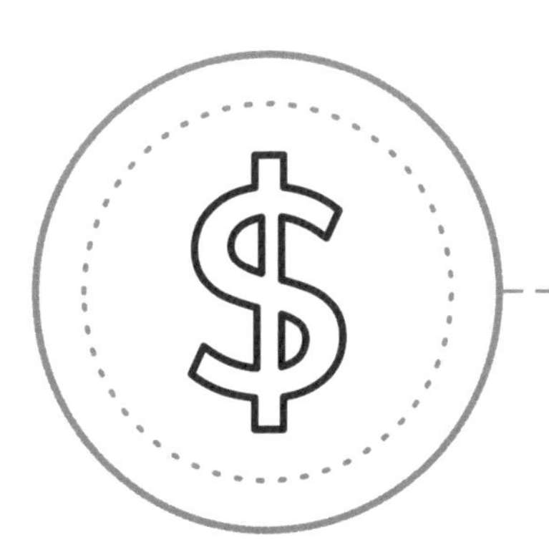

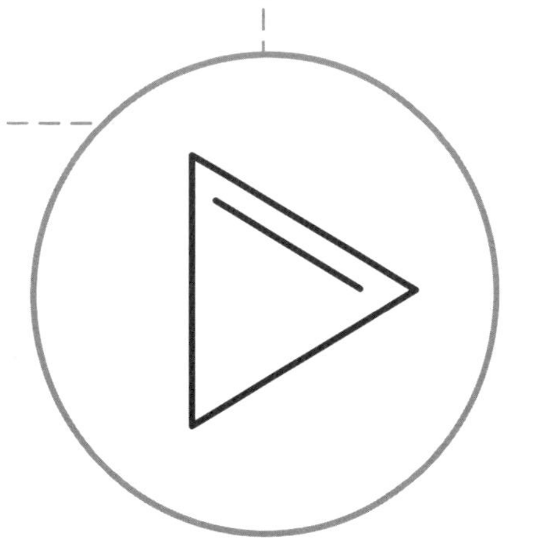

企業各界名人盛大好評推薦

（依姓名筆劃排列）

在資訊爆炸的時代，短影音成為我們捕捉靈感、分享生活的最佳方式。身為經營自媒體超過 20 年的 KOL，我不能倚老賣老，還是要不斷增進自己，跟著時代的演變而調整自己與粉絲的連結。我上了老獅這門課，改變了對短影音的看法，也提升了我在短影音上的表現。雖然一整天的課程內容不一定能夠 100 分受用，但是能將新學到的思維跟知識，立刻學以致用，就是很棒的收穫！也讓我增加許多靈感以及改變舊思維，跟上潮流與時俱進。很推薦想經營自媒體的創作者，或者資深的 KOL 都可以上短影音課程，學習本來就是件快樂的事情，尤其從學習中得到靈感跟轉變，非常值得。

——資深 KOL、時尚選物店老闆娘　小湘

身為房地產業務，我受到 Lion 的啟發，他以創新思維和真誠熱情成為我一路上的引路人與夥伴，讓我透過短影音與客戶建立真摯的對話，這不僅提升了我的業務能力，也築起了與客戶間的信任橋樑。在老獅說媒體學院中結識的菁英夥伴們更為我增添了動力。無論是新手業務還是資深創作者，這本書都是前行路上的珍貴夥伴。

——知名房仲　甘坤鑫

老獅曾問我為什麼要學短影音，我說因為我沒有顯赫的學、經歷！但我要變成一個有影響力的人，因為我想為弱勢家庭發聲，老獅馬上回我，那你來學短影音就對了。Lion 教的是心法不僅提升了表達能力和創意，更學會了用簡短、有吸引力的方式傳遞訊息。透過短影音，幫助我建立個人品牌，吸引更多目標受眾。短影音都讓我發現，簡短有力的表現方式能帶來巨大的影響力，連我去逛夜市也能被認出來。Lion 跟別的老師不一樣，一次的課程居然陪跑一輩子，同時創建學院，讓上過課的同學能在學院內一起交流學習！更重要的是，他能幫你連結那些我們平常只能在電視或雜誌的人與企業！跟這樣的教練學習，是我的福氣。

——虱目魚品牌創辦人　光頭老闆

隨著注意力經濟崛起，人人都是網紅的時代，自媒體已成為品牌宣傳的必需品。其中短影音更改變了傳播方式。然而市面上大多數短影音書籍或課程只聚焦於技術，老獅說卻截然不同。除了學習影片編輯技巧與美感運用，更深入理解短影音背後的商業邏輯——如何破圈，如何讓內容變現，如何真正影響受眾。而更讓人驚艷的是，老獅用他的熱情和洞察力 ，激勵每個人勇敢創造自己的價值。如果你想在短影音的浪潮中脫穎而出，這本書就是你的起點！

——嘉義基督教醫院家庭醫學科醫師　安欣瑜

第一次跟 Lion 見面是在 2020 年的知識型網紅公開班課程。我人生的第一支高規格說書錄製就是由 Lion 掌鏡。2023 年 9 月，第二次見到 Lion 是在他的課堂中，他已是短影音課程的領頭羊。Lion 不只是上課含金量滿滿，更協助學員課後的產出跟調整。同時，他還會分享資源，協助學員互相共好。

——英語老師　呂家慧

寫繪本比寫小說更難，因為要在短短幾頁之內，點出痛點、抓住重點、留下記憶點，還能引人深思。這種精簡的表達，往往比長篇大論更具挑戰。短影音亦然如此。將幾小時的素材濃縮成 60 秒，精選再濃縮，刪去大部分片段，卻能提升完播率數倍，這是一門極致壓縮的高級手段。如果你和我一樣習慣「短話長說」，但又想掌握流量密碼，那就讓老獅幫你，把長話說得簡短有力。

——小小 PETIT 主理人　村子裡的凱莉哥

老實說，真的有點不想推薦：因為難獲一名好老師（獅），希望獨佔！但又想推薦：因為，市面太多……割韭菜（誤）的流量「變現」課，希望告訴大家哪個才是真正好的！他是真的會照顧每個參與學生的老師，你用功，他會更助你一臂之力。認真想學的、也願意付出時間經營的：歡迎光臨。

——嚴選砥家創辦人　杜鳳婉 Maru

老獅在實體短影音課程中，以豐富的實務經驗深入講解短影音製作技巧，幫助我了解短影音的底層邏輯、快速產出的訣竅，並吸引更多觀眾。即將出版的新書更是將這些寶貴知識精鍊成冊，結合實戰案例和詳細策略，不論是新手還是專業人士都能從中獲益，是一本不可多得的實用指南。推薦給所有希望突破自我、有效提升流量的讀者！

——全煜耳鼻喉科診所副院長、輔大醫院兼任主治醫師　林岱樓

短影音風潮席捲全球，無論是創業者、行銷人員，都無法忽視它的影響力。老獅說 Lion 是我見證開創短影音的教父，這本書說中了這個新時代的趨勢，不僅提供了從零開始製作短影音的實用技巧外，更深入探討如何在海量內容中脫穎而出，抓住觀眾的目光。老獅說 Lion 豐富的實戰經驗和精湛的見解，逐步帶領了解短影音的精髓，從內容策劃到後製，全面解析每個環節。無論你是初學者，還是已經在這個領域耕耘多年的創作者，都能讓你收穫滿滿，真心推薦給所有對短影音有興趣的朋友！

——嗨！寵物們創辦人　林承漢

短影音是目前最快讓自己專業被看見的工具，各大平台演算法或有不同，但大原則都是興趣導向的非粉絲觸及。Lion 老師能用最完整的論述，說明短影音流量爆發心法。不只給你釣竿去釣魚，更教會你

運營流量池的底層邏輯。我自己實踐證明，拍攝短影音優秀素材搭配 FB 投廣，創造一年來 ROAS 大於 30 的驚人成效。誠摯推薦！

——知名牙科醫師　林建佑

之前一直很納悶，為何我的長影音訂閱數很高，但短影音卻沒流量，沒新訂閱者。上完老獅的短影音課程，依提示做一些細部微調後，果然好幾部影片的流量都爆衝。現在老獅把這些心法，濃縮在這本書裡，當然要趕快入手，可以減少很多自己摸索的時間。

——知名皮膚科醫師　林政賢

「選對賽道，比努力更重要。」短影音已成為企業吸引年輕人才的必備工具。身為人力資源工作者，面對重度使用社群的新世代，如何快速掌握高完播率設計與爆款腳本撰寫？透過這本書，你將學會打造吸睛內容，結合企業文化與品牌價值，為人才招募、雇主品牌建立開啟新潮流，快速抓住年輕世代的目光。

——公勝保經人資經理　林羿汎

作為專業服務提供者，深知溝通與影響力的重要。Lion 綜整跨領域知識，並爬梳豐富實戰經驗，寫下這本短影音實戰指南，為想突破事業瓶頸或初學者提供明確指引，衷心推崇！

——理常法律事務所律師　林煥程

上老獅的課之前，我一直在網路上尋尋覓覓短影音的課程，發現很多老師都「自稱」自己去對岸學過什麼課，但是「氣質」都很特別，開價也非常昂貴。後來經由朋友介紹老師，再跟他聊天過程中就發現：「這老師有料欸！」於是就找了老公一起去上課，真的不誇張那一整天滿滿都是精華乾貨，害我一直確認這全天的課程真的是這個價錢可以上到的嗎？連身為執行長的老公，平常有夠挑剔，都馬上幫員工報名來上課。講上課多厲害不稀奇，實戰出來的成績才厲害，我已經算是老師的學生裡面不是很認真的，我的 TT 在短短兩個月就 6000 多粉，IG 也多了快一萬，重點是，老師還一直求進步，這才是令人最景仰也最害怕的吧！要怎麼讓人家看到車尾燈啦？

——知名網紅、作家　花花

當網上充滿炫技拍攝的短影音時，有一個人覺得心法比技法還重要，無私教授大家外，經營著老獅說的帳號，讓你知道除了教，自己也是玩真的，更有課後持續的複習班，和充滿大神的社群，和他學 CP 值衝破天際！

——開運心理師　胡靖韋（寶哥）

我在 2019 年認識當時的他，年輕熱血！愛學習、愛挑戰、愛創新，在他身上看到創業家的特質。現在的 Lion，熱愛分享，對學員的照顧無微不至，每月的學員企業參訪以及每月多場的閉門進修聚會 ，讓學員培養終身學習的目的。未來的 Lion 將會持續站穩台灣商業短影音的第一品牌，老獅說的學員也會在他的指導下茁壯成長，讓世界看到加速變現，實現夢想！

——SAP 業務總經理　范永銀

說到短影音的好處，除了許多人都會提到的「破圈」、「個人 IP」之外，從長期協助科技公司發光發亮的公關咖角度來看，它更能幫助企業用短短 1 分鐘、甚至 30 秒的時間，把重點說清楚講明白，讓品牌迅速地被更多人看見，這種快狠準的力量，你捨得不去擁抱嗎？

——商業類暢銷書作者、盛思整合傳播集團創辦人　浦孟涵

因緣際會，上了「老獅說短影音課程」，發現了行銷推廣的另一個世界，「老獅」把製作短影音的精華訣竅及應注意細節，深入淺出、傾囊相授，刷新了我對「建立學校特色推播行銷」的策略認知，也啟動了「低成本行銷，高廣告效益」的閱聽影響力，最感動的是「不怕你問，就怕你不問」的售後服務，「老獅 」值得當一輩子的「老師」，我強力推薦！

——新北市金陵女中校長　高亞謙

老獅說短影音，不單單只是課程，一次課程卻大大改變了我們，讓我們有動力持續透過短影音記錄生活、工作、甚至變現。忙碌高壓的現代環境、短影音裡記錄了平凡日子裡的時光、被遺忘的歲月，記錄著我們走過的路、我的成長、我的每個喜怒哀樂。「人生沒有白走的路」，短影音學習的路上，這段話是很好的寫照。他是我看過，極少真的用生命、用熱情在教學的老師，上完課會不斷復盤、追蹤、優化，並且持續提供各種學習管道、媒介，讓我們把短影音的精神注入到生命裡。超級「利他」，讚啦！

——知名壽險業主管　高宜仟

學習了短影音的拍攝、剪輯、輸入、輸出、上社群媒體上播放流傳，而成就了「馬尾哥愛烘焙」的馬尾哥。不是任何人都習慣面對鏡頭，但是上過老獅 8 小時的課程後，很神奇的，我就自然而然的開始了，我每週一到三次上短影音以及社群，慢慢就會有人開始叫你「網紅」。

馬尾哥的「人設」是我的個人外型，「愛烘焙」是主題，我是烘焙師、也是烘焙店經營主，便應用人設與主題，開始了短影音的創作，不僅增加店的曝光度、也提升了許多注目的焦點，更讓消費者愛上推薦的商品，這就是它的魅力，也是我推薦老獅最強大的力量！

——法蘭司蛋糕總經理　高垂琮

身為職業講師，這幾年我觀察到海外許多領域大神已使用短影音大幅擴展影響力，這讓原本對短影音有點抗拒的我充滿好奇，因此參與了老獅說的「流量爆發的短影音獲利學」。老獅的課程直指核心，把短影音的底層邏輯解構得精準而清楚，包含了設定位、按標籤、輕量化、狂破圈……，都完全打破我對短影音的誤解。課後一個月內我用日更的速度產出近 30 隻影片，並在四個社交平台上平均皆有破千瀏覽，且超過 90％以上觀看者都是破圈的非粉絲，這個成績對於短影音新手、沒有花錢添購任何設備的我，早已遠遠超乎預期成果。如何做到的？趕快翻開老獅的書籍來學習吧！

——知名績效教練　高啟賢 Aaron Kao

老獅說在教學領域極具專業性和創意，擅長將複雜的概念拆解為簡單易懂的內容，並以短小精悍的形式傳遞核心知識。他的課程不僅涵蓋短影音製作的技術細節，如剪輯、配音和特效設計，還深入分析如何在各大平台脫穎而出，抓住觀眾的注意力，實現內容的高效轉化。更重要的是，他擁有豐富的實戰經驗，能結合成功案例，提供針對性的解決方案，幫助學生迅速上手。不論是想提升短影音製作技能，還是希望掌握內容運營的核心邏輯，他的教學都能滿足需求。我的團隊上了他的課後，製作的影片和宣傳短片更加豐富多彩，效果顯著！如果你正在尋找一位既懂創作又懂市場的老師，他絕對是你的不二之選！

——國泰人壽桃竹區部協理　梁家銘

3 年前，FB 廣告的 ROAS（廣告投資報酬率）再怎麼爛也能做到 5，10 年前動不動就是 10 以上，這 3 年來能做到 3 都很費力，這是我學短影音的理由。去年 12 月上了老獅的短影音課，破圈了，最近三個月的 ROAS 最低是 8（公域），最高 112（私域）。老獅的課很硬，沒什麼人性，可是很有效。他不唬爛，而且會把他的資源分享給學生，這部分的收穫，絕對不亞於課堂上，也不知創造了多少異業合作的機會，我自己也是既得利益者。我不說好話，也不能打什麼包票，只是把事實說出來，如果你也有我一樣的問題，來試試看，會好也不一定。

——跑步銀行創辦人　陳大黑

Lion 老師是短影音領域的領頭羊，他的專業和熱情在業界無出其右。作為品牌直播顧問，我深知直播與短影音結合是推動流量與轉化的強力組合，而 Lion 的新書正是這方面的絕佳指南。他將多年來的實戰經驗濃縮成一個個實用的策略，幫助創作者輕鬆實現流量頂級變現。無論你是直播老手還是短影音新秀，這本書都是提升你商業價值的重要利器。

——知名直播培訓教練　陳冠霖

短影音時代，拍影片不難，人手一機就可搞定，但想突圍而出並成功變現並非易事。而 Lion 用他的實戰歷程引領我們，正是我踏上創新階段的一盞明燈。從人設定位到影片主題設計，每一步都讓我們的短影音作品更貼近受眾需求，提升了流量外，最重要的是能變現。哪一支影片會成功不知道，Lion 不斷陪伴我們、鼓勵我們持續拍不間斷。《老獅說教你用短影音賺大錢》集結了 Lion 多年的創作心法與成功案例，具體實用，是短影音創作者的必備工具書。

——喜特麗國際商業開發經理　陳禹彤

這是個需要被看見的時代，而短影音就是風口。創業者通常會知道自己需要什麼，可是有時候會礙於行動力而錯失了某些機會。我上了很多課，非常清楚輸入絕對不是重點，持續的輸出才能令自己成長。還好遇見了 Lion 老獅，透過課程，連我都創造了 42 萬點閱的影片，這證明好的內容加上對的方法就有機會被看見，什麼是對的方法，Lion 老獅用清楚的結構、可複製的操作、有溫度的陪跑，讓我們有機會搭上這台可持續增長的列車。

——台灣潛水執行長　陳琦恩

數位 AI 時代，短影音和自媒體已經成為個人品牌和企業行銷的核心工具，「老獅說 Lion」正是這個領域的權威。作者以運用短影音深耕自媒體的實戰經驗，結合實務產業界的各方資源及人脈，以終為始的方式，從內容策劃到創造流量，深入淺出、實用性極高。這本書不僅適合初學者入門，也為進階創作者提供了寶貴的發想，能讓讀者立即上手、事半功倍，對於希望掌握短影音與自媒體的你來說，這是一本不可錯過的實用寶典。我衷心推薦，希望更多人能從中受益，創造屬於自己的數位時代成功故事！

——匯盛國際行銷創辦人　曾世甫

我是一個跟文字工作了20多年的人，一直以來對影像編輯很恐懼。在Lion的實體課堂上，看到他一次又一次幫各種不同產業的同學，一秒改出新版短影音腳本，幾乎什麼主題他都能駕馭，而且剪接後製比我想像中的輕巧簡單100倍，一年來我也做出幾十支短影片了。上過課的有這本書當短影音辭典隨時查找，沒上過課的先以親民價錢將這部變現寶典帶回家，想進入短影片這個領域，這本是最好的入門磚。

——多語教學專家、雲飛語言中心創辦人　游皓雲

在自媒體盛行的年代，坊間充斥著各式各樣的自媒體課程，琳瑯滿目、各種定價，令人目不暇給。但能稱得上「優質」的自媒體教學，卻寥寥無幾。許多年輕熱血的影音創作者，往往三番兩次被市場業者

「割韭菜」還不知。老獅 Lion 的出現，在自媒體亂世中體現了一股清流。「認真、當責、樂意付出」，是許多人對老獅的共同評價。

不論你是自媒體小白，還是已然成熟的短影音創作者，相信你都可以從老獅的這本書，收獲貨真價實的滿滿乾貨，甚至獲得重新再定位的啟發，讓你從「心」再出發！

——知名律師　無糖律師

短影音已成為提升品牌影響力的重要工具。如果您想深入了解短影音的運用，老獅的這本書絕對是最佳選擇。他以深入淺出的方式，無私分享多年的寶貴經驗，幫助讀者迅速進入短影音的世界。短短不到 1 分鐘的短影音，為何能成為獲客利器？在注意力稀缺的時代，我們該如何轉化流量以提升變現能力？書中將為您解答這些疑問，讓您在短影音的浪潮中，立於不敗之地。

掌握短影音，就等於掌握無限商機。

——沃醫學創辦人　黃千容

Lion 老獅不只是短影音高手，還是我最欣賞的朋友之一！他的課程讓我們專業感較濃厚的生技公司也能上手拍影片，讓企業形象瞬間加分。這本書絕對是他的精華之作，讓每個人都能輕鬆成為鏡頭前的高手。如果你想輕鬆提升品牌形象，這本書一定不能錯過！

——圖爾思生物科技公司董事長　楊志偉

身為企業人資每年都要開設上百堂課程，為什麼我們要找 Lion 開設短影音課程呢？如果你覺得短影音課程只對網紅才有用，那麼「老獅說短影音學院」將會讓你大大驚豔！參加實體課只是開始，接著每月線上線下活動更是讓學員急速成長，不斷進化，串接各項資源合作、變現更是日常。

想讓自己的專業度被看到、塑造專業形象嗎？希望你的商品被搶購一空嗎？期待有更多合作機會、曝光機會、變現機會嗎？素人也可成為達人，專家更能成為頂標，流量變現的時代，你上車了嗎？短影音唯一指名老師 Lion，乾貨爆多，不怕你學，用心將第一手知識教給大家。本書將會帶你刷新行銷趨勢，打破你的認知，入手就對了，期待與你們在實體課程一起練功。

——夢時代資深人資　楊婷婷

「營業額＝流量 × 轉換率 × 客單價」，這是電商、零售業的黃金公式。究竟「流量」怎麼來？「老獅說 Lion」將自己超過 10 年的商業知識教育經驗累積下的堅強實力，結合行銷風口「短影音」工具，教育學員創作「優質內容」，從打造「流量」到如何「存量」，最終獲得「變現」，觀念與邏輯完整、清晰、透徹。更保有「利他」的初心，除了以身作則更提醒學員凡事從利他角度出發，「念念不忘，必有迴響」。

——LureDada 鹿兒搭搭箱包創辦人　詹惟任

短影音很難嗎？真的很難。找錯人就真的很難。之前遇到一個朋友他開始做短影音，什麼都拍，看到她開箱食物，也看到她拍貓貓狗狗，還有生活記事，流量好嗎？其實還好。

我：「你拍那麼多是要拍給誰看啊？」她：「我不知道，人家說大量產出，就會有機會，我想那我就用力拍，應該就有機會了。」我：「那你要用短影音做什麼事？」她：「不知道，如果粉絲變多，我就可以來賣東西啊，這樣我覺得多少可以多賺一點。」我：「那你怎麼知道可以賺錢？」她：「不知道，就網路看那些人分享，這行業看起來應該是這樣吧，反正多拍啊！」

選擇比努力重要，但選錯方向，一切將無關緊要。我上過老獅的課，裡面沒有複雜的公式，也沒有案例，裡面只有關於「短影音的底層邏輯」，而對我來說這就是老獅的真價值，只有底層邏輯才能面對各種不同的題目。無論露臉、沒露臉、無論開箱還是分享、無論哪個平台，都能游刃有餘的面對，讓我可以面對各種不同的情況。我相信，這本書能幫助到我也一定能幫助到你，讓我們跟著老獅的肩膀一起前進吧！GOGO！

——謙澄不動產執行長　蕭世典

很高興看到我的好朋友老獅 Lion 要出新書了！也許您以為要將翻開的是一本短影音工具書，但實際上這是 Lion 無私利他、身體力行、充滿不可思議的累積過程！

看著他從小班制課程，與企業家與業界菁英們傳授短影音技術與經驗（簡直靈魂拷問），課程內容持續與時俱進暴增（一滴心靈雞湯都沒有），再加上線上課程，精彩的短影音年會，以及學員之間人脈連結……您會看到的是一個透過短影音適應產業激烈變化的的破圈過程！不管您現在是哪個角色，企業主最好，主管也好，小小職員更好，擁有了短影音商業思維，讓你時刻察覺環境變化，瞬時決策反應，提高你的競爭力！祝福您在這本書中可以滿載而歸！

——兆豐銀行財富管理處副處長　蕭哲霖

關於 Lion，我實在很難用言語來形容這樣一位年輕、求新，同時又完全不藏私的短影音老師，只能濃縮成下面的文字了：

短暫人生恰如夢，音樂聲中影猶新。

影中逐影求真知，第一領風教學明。

一路扶持心不懈，領教學生展宏圖。

頭羊引路步步高，羊群不懼共舞長。

感謝老師一路以來無私的教授與分享。

——知名律師　賴佩霞

什麼！你又升了？!五年內，老獅一次又一次的升職總是令我驚訝又佩服，現在我必須稱呼他老師了！不是因為他的職位，而是他對於市場的敏銳度、勇於改變現狀等特質讓我推崇。

短影音，當他在中國擔任集團總經理的時候，他嗅到這股風暴已經在中國席捲。幾年前他回台後，老獅即告訴我一定要做短影音，果不其然，現在全台灣都在瘋，連小孩都知道。現在，好不容易等到老獅終於開課了，40 多歲的我也能輕易製作自己的短影音，而且上課的同學無不是各行各業的翹楚、佼佼者，董事長、總經理都是座上學生，其商業之間的機會更是不在話下。非常感謝老獅利用自己假日的時間，無私付出舉辦這樣的課程，還會在群組內關心學員的狀況。比較過各家不同短影音課程後發現，老獅說實質的幫助與後勁影響力如層層漣漪，如滔滔江水，綿延不絕！

——青域設計創辦人　賴紹宇

您知道為什麼短影音都是直式影片？因為觀眾連把手機轉橫的那半秒鐘都不想浪費！如此分秒必爭的戰場上，您要如何在成千上萬的短影音中脫穎而出、鎖住觀眾的眼球，進而採取行動，背後的心法、底層邏輯，讓 Lion 來告訴您！「新技開捷路，亮光引矚目！」祝福 Lion 新亮老師，新書大賣！

——知名骨科醫師　嚴可倫

在「老獅說短影音培訓」中大開眼界，我學習如何透過短影音勇敢擴大自己的舒適圈，從完全的社群、影音小白，到開始學習剪輯、拍攝，透過數量與堅持而產生的價值，讓我體會到其中的樂趣。老獅以實戰經驗一步步掌握短影音的技巧，無論是拍攝、內容設計到整體商業模式，都是讓您從零到一的實用指南！不僅教您提升個人品牌，更強調透過利他的內容創作來影響並幫助他人。這麼優質的內容，怎麼能不大力推薦呢！

——柏麗牙醫診所醫師娘　Beta

經營超過 10 年的自媒體，短影音是目前最直接有效的曝光方式。上完老獅課程之後，也拍了將近 200 支短影片，讓我建立獨特性也帶來更多商業合作機會。這本書不僅是技巧實戰的集結，也絕對是你短影音的必備良「獅」。

——粉專「空姐報報 Emily Post」版主　Emily

老獅絕對是短影音領域的新興之星，他以敏銳的市場洞察力與實戰經驗，幫助學員快速掌握這個時代最具影響力的溝通工具。身為一名退休財務顧問，我始終認為投資回報不僅限於金錢，學習和掌握時代趨勢同樣是一種極具價值的投資。

在他的課堂上，不僅可以學到高效的內容製作方法，更能深入理解短影音背後的行銷策略與價值。他的個人特質更是令人敬佩：謙虛而圓融，真誠又樸實，讓人不僅從中獲得技能，還能學到如何在快速變化的世界中保持真我。全新著作，是他課程精華的濃縮，也是他智慧與熱情的結晶。老獅的光芒正在崛起，未來無可限量，我衷心推薦這本書給所有想在新自媒體時代脫穎而出的人！

——天使投資人　Genie Chien

我很幸運在準備踏入短影音時，聽朋友介紹去上了 Lion 的短影音課程，雖然只有一天，但那是讓我在短影音圈領域展開的關鍵。那一天的課程非常扎實，從深入淺出的介紹說明、強而有力的重點擊破，再到穩紮穩打、就地實戰實做，收穫滿滿。到現在我還是常用老獅教的問句模式，引人好奇的前 5 秒定勝負腳本來操作我的短影音，而且我也維持日更的方法，實現數量 × 時間所打造出的規模。目前為止已經有非常多支超過百萬瀏覽率的影片，還持續增加中，感謝老獅不藏私的教學與分享，推薦給大家。

——粉專「日本失心瘋俱樂部」版主　Vera

〈專文推薦〉

一場改變人生的旅程！

美真集整形外科診所執行長　吳婕苓 Kate

去年我上了一門課，這門課突破自我，也開啟商業新視野。這課程是 Lion 的「老獅說短影音課」。

在這資訊爆炸的時代，短影音的崛起，不僅改變了我們的娛樂方式，也徹底翻轉了個人品牌與商業模式的發展軌跡。然而，想要在競爭激烈的短影音市場中脫穎而出，不僅需要拍攝技巧，還需要對商業策略、平台運營以及品牌變現的深度洞察。這正是「老獅說短影音課」讓我深感驚豔的原因。

Lion 的課程設計與市面上教你如何拍、如何剪的技術型課程截然不同。這門課設計把專業與實踐並重，讓商業用短影音變得更聚焦，更具有方向感。

同時他以兩年多的實戰經驗和超過 3000 名實體學員的成果，為我們開啟了一扇全新的大門。對我來說，他不僅告訴我們「如何做短影音」，更教我們「為什麼要這樣做」，並以實例解析如何透過短影音打造自己的商業 IP，進而實現跨平台變現。

從 TikTok 到 Instagram，Facebook 到小紅書，每一個策略他都從

經驗中精準測試，為不同領域的創作者提供量身定制的建議。他開立小班制教學，深度陪伴與實用策略相結合。在老獅說短影音的課程中，小班制教學讓學員能夠獲得多次一對一的深度指導，確保每個人的問題都能被有效解答。

這種針對性的指導不僅讓學習效率倍增，更能讓每位學員清楚找到自己的品牌方向，進而制定出適合自身的短影音策略。對我來說，這不僅是一堂課，更是一場屬於自己企業創新的成長旅程。

更讓人感到多元的是，Lion 創立媒體學院，打造高含金量人脈圈。這是參加這門課程的另一個亮點。加入老獅創辦的媒體學院，不僅是一個學習的平台，更是一個資源整合的高端社群。

透過每月、每個分會的線下活動、學員分享以及跨領域專家的交流，我得以接觸到許多優秀的夥伴，這可能讓彼此獲得許多實質性的合作機會。

不僅如此，媒體學院是免費參與，這份用心與誠意，實在令我佩服。

全方位服務，助力推動每位學員的成長與成功，從課堂上的案例分析到課後的社群解惑，甚至協助學員進行 TikTok 廣告投放與資源對接，他真正實現了「全方位陪伴」的承諾。

這年輕人的用心，讓我明白他的成功並非偶然，而是源自於他教學內容的深度與背後堅實的信念。

《老獅說教你用短影音賺大錢》將這些寶貴的經驗與策略匯聚於紙上，為更多人提供指引與靈感。這本書不僅是短影音從業者的必讀指南，也是任何希望在數位時代打造個人品牌、探索商業模式的人的智慧寶典。無論你是短影音新手，還是已經有一定經驗的創作者，都能在書中找到自己需要的答案。誠摯地推薦您這本值得珍藏與分享的書。

如果你希望在這個快速變化的時代中，找到屬於自己的定位與價值，那麼請別錯過這本書，它將是一場改變你人生的旅程！

〈專文推薦〉

讓短影音為你開啟財富與影響力的雙重大門

知名臨床心理師　李介文

作為一名兒童臨床心理師，我的日常工作圍繞著如何幫助孩子和家長提升心理韌性。但如果你告訴我，短影音可以改變我的專業呈現方式，甚至讓我踏上與人交流的全新舞台，我一定會露出狐疑的表情。

直到，我遇見了老獅。

老獅的《老獅說教你用短影音賺大錢》，不僅讓人驚嘆短影音的力量，更教會你如何用它成為影響力與收益的雙贏達人。這絕對不是一本普通的「技能書」，它是一部結合實戰經驗與心理洞察的創業教科書！

老獅的魔法：從陌生到吸粉，從吸粉到變現

老獅的課程和書籍中，最讓我印象深刻的就是他「簡單有力」的策略。他說得很好：「短影音的魅力不在於設備有多高端，而在於如何讓觀眾停下來、看完它，並與你產生連結。」

試想，當孩子家長面臨教育挑戰時，他們第一時間會尋求什麼樣的內容？通俗、精準又能解決問題的內容。這正是老獅反覆強調——「內容為王，價值為本」。

當我嘗試將心理學中的小技巧轉化為短影音時，心裡其實沒抱太大期待。有一次，我錄製了一支簡單的影片，分享「幫助孩子建立每日專注習慣的三個小方法」，結果影片的觀看次數突破了平時的好幾倍！更讓我驚喜的是，不少家長在留言中表示這些方法對他們的家庭生活產生了實際幫助。這段經歷讓我深刻感受到，短影音不僅是一種傳播工具，更是一個與受眾建立連結的有力橋樑。

真實案例，讓成功觸手可及

本書內含 38 個案例，每一個都讓人拍案叫絕。從一位零經驗的手作設計師如何靠短影音開啟副業，到一家原本因疫情低迷的蜂蜜專賣店如何藉由拍攝採蜜過程翻轉業績，老獅用實戰說明：「只要找到自己的內容亮點，人人都有機會」。

不僅如此，他的案例解析也精準捕捉了心理學中的核心——理解觀眾需求，並以真誠回應他們的期待。

短影音的「生存攻略」

書中的策略，從演算法的解讀到「完播率」的重要性，再到精準流量與泛流量的平衡，無不揭示了如何讓內容在海量資訊中脫穎而出。

例如，我特別喜歡老獅提出的「80 ／ 20 法則」：高價服務聚焦精準流量，平價產品則用泛流量引爆聲量。這種靈活、實用的思維，不僅適用於短影音，也能運用到品牌經營的方方面面。

為什麼你不能錯過這本書？

無論你是個人創作者，還是品牌經營者；無論你是有一腔熱血的創業新手，還是想探索全新可能性的職場老手，這本書都能為你量身打造一條屬於你的「短影音藍海策略」。更重要的是，它讓你明白，短影音不僅是技術，更是一門藝術——它讓你接觸到更廣闊的人群，也讓你真正影響別人的生活。

老獅的書，就像是給你的創業與生活裝上了一雙翅膀，不僅幫助你飛向夢想，還會讓你在過程中收獲滿滿的快樂與成就感。

所以，翻開這本書吧，讓老獅帶你用短影音贏得大錢，更贏得影響力與可能性！

相信我，這將是你最值得的一場投資。

〈專文推薦〉

帶您進入短影音商業模式的幸福殿堂

郝聲音 Podcast 主持人　郝旭烈

Lion 老獅老師，是我跨入知識內容產業領域非常重要的貴人，也是一直以來共同成長、相互成就的好夥伴。

在我第一堂錄製的財務線上課程裡，他就是手把手帶著我一集一集往前走的導演。

後來他從台灣到大陸，在經歷兩岸不同視野歷練與淬鍊之後，又更成熟地建立線上和線下「品牌定位」和「商業模式」，透過「短影音」的方式，幫助商務人士或創業家，找到更精準傳遞價值和做生意的本質。而我也成為他的學員，他也從我的導演，變成我的導師。

當我上完他的短影音實體課之後，Lion 老師告訴我，試著持續不斷每週推出短影音，先不要有太大的得失心，只要「數量」夠多，加上持續「堅持」，就一定會在時間複利的情況之下開花結果。

聽完之後我就在筆記上面，寫下了——「數量加堅持」，「量變生質變」。

認真想想，這真的是商業世界裡面的底層邏輯，「生意」從來不是想出來的，而都是做著做著做出來的。小步快跑，快速迭代；才能在持續不斷前進的過程當中，知道該怎麼樣避開阻礙，讓自己悠遊自在。就像 Lion 老師自己就是一位商業模式身體力行的典範。

除了短影音不斷更新進化之外，更重要的是，他也透過線下每週高強度的實體教授，來強化自己接地氣的反饋，進一步幫助學員每個人不同的商業模式，能夠被確實執行跟修正。

不管我是做「郝聲音 Podcast」也好，又或是做短影音也罷，我通常都給自己先設一個目標要做到 100 集。很多人常常會問我，為什麼是 100 集？做到 100 集之後又會怎麼樣？

這時我會很直接的回覆他，其實我也不知道做到 100 集會怎麼樣。但是我只知道「數量加堅持」，「量變生質變」，當我做到 100 集的時候，一定會跟第一集不一樣。就像 Lion 老師從當初是我的導演，到現在是我的導師，我看在眼裡他不斷進化的過程，從來不是想出來的，而是紮紮實實「刻意練習」做出來的結果。

相信您在閱讀這本好書的同時，一定會感受到不僅在思維上有所提升，更是在行動力上以及不斷修正的方法裡，有更深刻的認識。

不僅懂想，更是懂做。想是問題，做是答案。

誠摯邀請您透過這本好書，推開短影音的大門，進入人生商業模式不斷更新、不斷優化的幸福殿堂。

〈專文推薦〉

一本不會走冤枉路的短影音創作寶典

出色溝通力學院總教練　莊舒涵（卡姊）

坐捷運時發現身旁每三個人就有一個在滑短影音，我自己也是短影音的重度使用者，就算再累，睡覺前也忍不住得先滑一下貓的影片，直到眼睛幾乎無法睜開了才甘願入睡。

更誇張的是我沒有養貓，卻因為看了短影音後去買了影片中推薦的化毛肉泥給我家巷子口的流浪貓享用。短影音洗腦的魔力實在驚人，也讓我驚覺短影音開始取代過去直播、YouTube 頻道在你我的生活中，這是好事但也可能是壞事。

好事是這連素人都有機會變火紅，只要掌握這一波趨勢，讓創作有質、有量、有定位，就會有一番成績；而壞事是過去在那些平台當道的網紅、創作者面臨著要不要轉換創作方式的挑戰，但短影音從 IP 定位、腳本創作、製片方式、剪輯手法、變現模式都不同於以往的平台媒體。

不論你遇到的是好事或壞事，只要你擁有這本短影音創作寶典——《老獅說教你用短影音賺大錢》，你在這條賽道上就不會走冤枉路，並且讓你從新手到高手，因為老獅 Lion 在短影音戰場上，同時有著這三種身份代表：

1. **先驅推廣者**：Lion 在大陸看到了短影音的火紅，當時台灣完全不流行，甚至在過去長影音創作者還相當排斥短影音時，是他先看到，而且不遺餘力地在台灣做推廣。

2. **觀察實驗者**：台灣在短影音上的使用習性和大陸或其他國家完全迥異，Lion 透過閱覽和比較大量的短影音，再藉由他自己早期每天多支短影音上架，整理出如何在台灣用短影音賺大錢。

3. **無私給予者**：看完這本書的內容後發現，Lion 竟然能把所有課中教的東西全部有條理地以文字方式寫出來，這些可是我在兩年前花了上萬元，且努力搶到上課名額才有的底層邏輯和技術，而且還有些內容、案例都是當初課程未曾提到過的。

在你讀了這本書後，你會知道原來台灣目前短影音的市場長怎麼樣，你會開始用書中教的方法去思考自己在這賽道上的定位、人設應該要是什麼；你更會知道想成為這賽道上的佼佼者，應該要產出什麼樣的內容。除了創作上得知道的原則外，書裡也教你如何利用 AI 來協助創作；最後你還會知道知識變現，現在有哪些方式或合作方式，能讓你花時間不是做好玩的。

最後，在你看完書後，建議你立刻一一著手去試著將書中的方法應用上，當你的產出被看見、流量增加後，你就會和我一樣，一支接著一支的大量創作。

〈專文推薦〉

以熱情成就短影音的老獅

花蓮門諾醫院發展部主任　連竟堯

最初注意到老獅，是因為 2023 年時看到謝文憲憲哥的分享。當時雖然短影音已經成為流量最紅、成效最好的形式，但是真的能出來做短影音教學的人卻很少。而許多過去在 YouTube 有成功經驗的人，想用同樣的形式複製在短影音上，幾乎都鎩羽而歸，因此大家都在尋找新的解答與引路人，而老獅無疑就是台灣在過去一年多當中，許多社群 KOL 與不同領域的專家，在短影音入門時最重要的那個燈塔。

有機會上到老獅的課程後，第一個感覺是，這樣不藏私的內容全部都說出來是可以的嗎？但隨著認識老獅越久，就會發現熱情才是最驚人的特質。你無時無刻都可以看到老獅又舉辦了不同形式的短影音小聚，並且把跨領域很成功的人串聯在一起，並且他就像個能量永遠用不完的啦啦隊，總期盼著每一個人都能夠成功！透過持續的鼓勵，給予每一位他所接觸到的朋友，有更多投入短影音製作的動力，並且願意持續的嘗試。

閱讀這本書時，我彷彿又能感受到老獅上課的那份熱情，因為他幾乎是把他在實體課程中，或一次次短影音活動中分享的關鍵資訊，透過有系統的架構，更完整地呈現在這本書中。這些短影音經營的心法，對於真的有心想透過短影音創造流量或輔助個人品牌的工作者來說，不僅能減少很多自己摸索的時間，同時也等於是站在巨人的肩膀上，透過許多人已經成功驗證的經驗，看到跨領域的人如何運用短影音這個工具。

大量真實的案例是這本書最大的特色，而只要你參加過老獅任何一場短影音活動，你就知道這些不過是他輔導陪伴投入短影音的案例中，最成功的一小部分而已。而搭配案例分享的策略與概念，也是老獅經歷中國市場的磨練，還有這幾年對於台灣社群發展趨勢的觀察，融合出非常重要的短影音心法。這些心法其實都指向一個重要的前提，就是只要你願意投入，即便你現在是 Nobody，也隨時都能透過短影音一炮而紅，同時還有機會在社群持續變動的時代中彎道超車！

學會心法，找到熱情，分享你的專業！這是閱讀老獅這本書之後最好的行動密碼！期待台灣有更多人透過短影音能帶來對社會、甚至國家更好的創新與改變。

〈專文推薦〉

短影音賽道，我只找 Lion

頂級個人談判教練、暢銷書《焦慮，請慢用》作者　陳侯勳（談判大叔）

如果你已經是某領域的成功人士，當預見時代的新賽道時，你一定不會想請教新賽道的第二名；如果你還走在成功的路上，你更無法承受不向新賽道第一名學習的風險，因按照產業常態，第二名的市場效果通常不到第一名的一半，所以我一向只找第一名學習，所以，短影音賽道，我只找 Lion。

Lion 是個願意給予且樂於分享專業的人，華為子公司總經理的精彩經歷更讓他隨口而出就言之有物。雖然在市場上，Lion 以短影音第一操盤手聞名，但他真正的功夫，是從「短影音」、到「商業模式」，再到「變現」的路徑建模以及微調。許多所謂的短影音專家，把流量衝高之後，就沒有然後了。而 Lion 不同，他不但會協助你往商業模式到變現的路徑去走，還特別為了學生，組建了一個短影音生態鏈：老獅說學院，讓藝人、網紅、品牌商、供應商、顧問業互相搭配，產生綜效。

當業界強者們拿出最強一點、彼此配合時，合作就容易水到渠成、立竿見影。

再者，短影音的世界裡，你要的不是「短影音本位主義」，而是如何正確地使用短影音，讓你的本業飛起來；如何用短影音的非粉絲流量，幫你快速破圈，倍數成長。

我在去年的年中，因 Facebook 帳號被盜用及停權，粉絲追蹤量瞬間從 0 開始。在 Lion 的輔導下，從 8 月底第一支影片開始，觀看次數是 1328 次，還不到一星期，第二支影片就達 5.1 萬次觀看，雖然其中也有因演算法改變而落回幾千的觀看量。但在與 Lion 團隊不斷溝通和修正之後，到 11 月底就達到單一影片 28 萬次的觀看量；可以看得出來，趨勢是往上走的。在 Lion 團隊的協助下，短短三個月內，談判大叔的帳號從 1000 多觀看次，增加到 28 萬多次。

展望新的一年，我們能搭配出最恰當的商業模式，把這些流量導入直接或間接的變現路徑。也期待在 Lion 的指導下，我們像其他老獅說的學生一樣，抓住時代流量的機遇，並用恰當的定位和商業模式，有質感地變現。

如果你仔細翻閱《老獅說教你用短影音賺大錢》這本書，就會發現 Lion 真的是不藏私，把實體課和線上課大部分的重點都清晰地說明。

其中，我最有感覺的兩個章節是：〈內容形式比重：短影音與貼文的協同效應〉，告訴我們短影音與貼文之間的分配；另一篇是〈影響流量的鑰匙：各平台用戶行為權重分配〉，用全局觀精準分析 Facebook、Instagram 等各大平台的權重計算方式，讓我們知道各平台的演算法重點和偏好，更能擬定布局全平台的策略。其他我就不多說了，留著驚喜待各位讀者慢慢享受。

俗話說的好：「坐而言不如起而行」，我不光為此書寫推薦序，還要預購 100 本送給我的親友和粉絲們。

讓我們在短影音的世界相見囉！

〈專文推薦〉

自媒體時代的必讀之作：轉化流量、建立信任並創造商業機會

SparkLabs Taiwan 國際加速器創投基金創始管理合夥人　邱彥錡

認識老獅已 6 年多，從他剛開始在兩岸業界的踏實奮鬥，到成功轉型為短影音領域的佼佼者，我見證了他在這段旅程中的成長與突破。他不僅擅長分析商業趨勢，更以無比的執行力和創新思維，為自己及許多創業者的事業開創新局。我看到一位擁有遠見與行動力兼具的創業家，在快速變化的數位時代中抓住機遇，持續引領行業，協助許多傳統產業年輕化。

短影音不僅是娛樂，更是商業模式的全新戰場。身為一名國際加速器創投基金的合夥人，我重視創新概念的市場可行性驗證。然而，更為關鍵的是，如何運用工具以最有效的方式接觸目標族群，並引導他們採用產品或服務。從傳統的陌生開發到如今的流量獲客，老獅在書中強調「內容為王」的核心觀念，並提出具體策略如「精準吸客」和「擴大自然觸及」，這對於正在創業或希望突破業績瓶頸的企業家來說尤為寶貴。短影音的成功不僅依靠數據或技術，更仰賴對目標族群需求的深入理解和內容創作的獨特視角。《老獅說

教你用短影音賺大錢》這本書集結了作者多年來的實戰經驗，從短影音的核心價值到變現的全方位策略，系統化地進行梳理與闡述。無論是短影音的新手，還是已有一定基礎的創作者，都能從中獲得啟發與實用工具。

我曾有幸參加老獅的實體短影音課程（該課程每堂皆爆滿，排候補等兩、三個月是常有的事），我從初學者的視角到實際操作的深度體會，見識到短影音的威力。不僅能輕鬆觸及目標客群，甚至突破圈層，更能快速累積品牌信任，並實現商業變現。當我開始推出短影音後，現在參加活動朋友希望的都不只是合影留念，而是渴望一起入鏡，成為短影音內容的角色之一，這種吸引力著實令人驚嘆。

本書老獅用38個真實案例與策略，系統化地教導如何將短影音轉化為商業機會。他分享如何建立IP、提升完播率，以及掌握精準流量的技巧，每一項策略都充滿洞見，並以具體操作的方式呈現，讓讀者不僅能理解，還能立即應用到實踐中。此外，還針對初學者設計了零門檻的入門指南，涵蓋從基礎拍攝技術到複雜的銷售漏斗設計，幫助創作者快速上手。

短影音的魅力不僅在於其帶來的流量，更在於它可以成為品牌與受眾之間的橋樑，促進雙向互動和深度連結。書中還強調多平台經營的重要性，讓同一支影片能在不同平台最大化其影響力，從而提升內容的價值與曝光率。我特別欣賞書中對時代背景的深入分析，以及對短影音趨勢的前瞻性預測。在這個注意力分散的時代，短影音以其高效率的內容傳遞方式成為行銷的關鍵工具。老獅用他的智慧與熱忱，為所有人開啟了進入這片藍海的捷徑。他不僅提供了實用的策略，更以實際經驗啟發每一位創作者：如何利用自身特色，打造屬於自己的影響力。

如果你正在尋找突破自我、提升品牌或事業的方式，那麼這本書將是你不可或缺的指南。在這個瞬息萬變的數位時代，《老獅說教你用短影音賺大錢》無疑是每一位創作者、企業家或行銷專業人士的必讀之作。透過這本書，短影音不再只是工具，而是一個實現夢想的舞台。無論你是想進一步了解短影音的奧秘，還是已經準備好行動，這本書都能給你帶來新的啟發和力量。

〈專文推薦〉
比起百萬 KOL，你更有優勢！

GoodWhale 共同創辦人暨 CEO　黃士豪 Will

假設你相信你的產品能幫助到別人，你是認為酒香不怕巷子深、金子到哪裡都會發光；還是盡力讓更多人知道，讓更多人有機會因此改變人生？

有幸上過 Lion 的實體課程，不得不說，內容顛覆了我對短影音的認知，也因此讓所有團隊都一起報名學習；有鑑於課程是實體小班制，我很開心 Lion 出書，讓更多人有機會學習。

書裡不藏私的分享，讀完讓人再次大呼過癮，也分享我最大的三個心得：

1. 錯過的 YouTube 浪潮、錯過的內容訂閱、錯過的直播紅利，現在用短影音贏回來！

曾經我覺得，只要我的內容好產品好，那麼就靜待花開、不怕別人看不見；這樣的想法只對了一半，好內容是基本，但如果沒有同時努力鑽研讓更多人知道，再好的產品內容，終究只能束之高閣、乏人問津；而原因很簡單，現在大家缺的不再是好東西，是注意力。

曾經我覺得，短影音都是一些爽文、速食、罐頭的內容，純粹抓眼球、沒有深度。也因此一直只專注文章、長解析、圖文等；後來發現自己才是井底之蛙、坐井觀天了。

短影音現在已經是許多人在碎片時間吸收資訊的主要來源，反而需要更精練、解譯得更透徹、更貼近目標用戶才能產生價值，這是一門學問！換個角度想，假設大眾習慣是必然，你寧願大家看的是小哥哥小姊姊扭腰擺臀，還是你的好內容？用魔法打敗魔法，現在就開始吧！

2. 自媒體時代，終於也來到不用高成本、大製作、繁瑣流程、多人團隊也能脫穎而出的時刻！

個人品牌、行銷推廣在一些主流的戰場已經來到精緻、白熱化的階段，動輒數十萬、百萬的企劃製作、完整的影音團隊、高規格的製作、以及早期就投入的頭部效應，沒有這些資源的，也都必須大量時間、精力投入內容製作，而看到不成比例的回報，讓許多內容創作者、想以長影音為推廣手段的人感到無力。

有沒有更快速、輕便、經濟的方式？ Lion 所解構的短影音法則是我目前見到的最佳解決方案。從發想、企劃、拍攝、剪輯、導出、上傳、檢視關鍵指標、到優化再進到下一個循環，全部只需要一支手機、一個人！這世界需要你的好產品、好想法，現在，沒有理由不開始！

3. 比起百萬 KOL，你更有優勢！善用演算法、而不是成為演算法的奴隸——這代表從零開始的一般素人，都可以！

現在大流量的 YouTuber 們都面臨到一個「被綁架」的壓力。首先，為了維持高流量，其實大家的高規格、大製作都似乎變成標配，其次，比起做自己喜歡的內容，更需要考慮時事熱點，最後，平台演算法不斷改變，稍有不慎，就被時代淘汰；而一旦產出回報不好，在大團隊、高規格的成本壓力下，很容易形成惡性循環。

Lion 從來不要他的學員們追求高流量，而是從精準、轉化以及存量的底層邏輯出發。他讓大家在短影音這個目前相對「人人平等」的賽場上，從一開始就避免了「要等流量大了才能變現」的誤區，而是從一開始創造流量、累計存量的同時，就能開始有收入支持繼續滾動、形成正向循環，讓更多人看到你優質的內容、產品，也讓你能一開始就獲得優質的目標客群。

〈專文推薦〉

就算不談變現成名，你也該長期輸出自己紀錄、創作的影音作品！

《要有一個人》作者、醫師　楊斯棓

得知「老獅」這號人物，是因為謝文憲憲哥上了他的課。憲哥曾二度出現在我的兩部作品：《人生路引》及《要有一個人》的專章中，他願意花一整天在「老獅說」的短影音課程，點燃我的興趣。我不但參與了晚憲哥幾梯次的相同課程，幾個月後還受邀與「老獅」、憲哥、拐拐許采晴、日本失心瘋偵樂部同台演講。那天上百人嗨了一下午，若在臉書上以關鍵字「瘋拐點——新自媒體時代的斯文策略」搜尋，可以刷到一整頁精彩心得。

當天我的講題是：「媒體不報，我來報，我一報完，媒體報」，我把「傳統媒體」比喻成「超大型投石機」，而「自媒體」是「投石機」，個人產出的「作品」即是「石頭」，眾人頗有共鳴。傳統媒體如果轉我們自媒體上的文章，「石頭」、「投石機」都被「超大型投石機」投射，作品得以被看見，個人品牌也再一次被「擦亮」。

我經歷過明日報個人新聞台、無名小站、Blogger、個人臉書、臉書粉專、Threads、Instagram、YouTube 的年代，我花最多力氣在臉書上，並佛系經營 YouTube（都是用本名經營），認識「老獅」前，我對短影音充滿偏見跟臆測。

稍微岔個題，我心中有一位巨人，如果你曾赴高雄衛武營國家藝術文化中心欣賞過任何一場表演而感動，都該對他說聲謝謝。是他帶領一群有志之士共同催生了衛武營，他是曾貴海醫師。

曾醫師是我的忘年之交，今年已仙逝，近兩年我常南下探訪他，因而有許多交流。上述列舉的自媒體，他一個都沒在經營，但是他拯救河川、催生衛武營等一場又一場的大型社會運動，當時如果沒有借助自媒體或媒體之力，如何能成功？

答案是：曾醫師最活躍的年代，自媒體未興，但是他深諳兩種傳播理念的「武器」，文宣與廣播。他能行文能寫詩，撰寫後列印，活動現場發送，人人爭睹珍藏；他亦經常受電台專訪，侃侃而談。他侍母至孝，與牽手黃翠茂老師深情款款，為了守護高屏，挺身而出一輩子。

我觀察，與曾醫師年紀相差十歲的社會賢達，也大多不諳上述自媒體。

同樣的，與我年紀相仿者，對上述自媒體雖不陌生，但對於「短影音」的操持、熟稔，一般來說也遠遜於十幾、二十歲人的平均輸出水準。

年紀愈輕，愈能嘗試新玩意。

然而，撇開年紀不談，有些人抗拒的，其實不是短影音本身，而是部分短影音平台。抗拒部分平台有理，但若抗拒短影音的學習跟作品輸出，則殊為可惜。

家父近期因消化道出血住院，洗澡不方便，幾位朋友就私訊告訴我「滋養潔膚泡沫」很好用，我幫父親洗頭時，就順手拍了一段幾秒鐘的短影音並上傳 Facebook Reels，沒幾天破萬點閱。當下我沒有變現的需求或強烈的目的性，我只想傳達一個訊息：如果你遇到跟我類似的狀況，不用煩惱，這是有解方的。然而，如果你有能力長期穩定輸出解決他人痛點、搔到他人癢點、觸動他人「爽點」的短影音，變現是自然而然、水到渠成的事情，是人求你，你不用求人！

姑且不論影片長短，不談變現成名，你若長期輸出自己紀錄或創作的影音作品，十年後的你，一定會感謝十年前的你；四十年後的你，絕對會超級感謝四十年前的你！

〈專文推薦〉

想都是問題，做就有答案

言果學習創辦人暨執行長　鄭均祥

「想都是問題，做就有答案。」在自媒體時代，每個人都可以透過社群媒體適度曝光自己，為自己爭取更多可能性。尤其我從事的企業顧問服務，許多知名講師就缺一個被看見的機會，短影音行銷無疑是這個時代最快速被群眾看見的方式，且進入門檻不高，立刻可以開始，但是多數人就卡在第一步，根本沒有開始，不然就是嘗試後很快放棄。

我和老獅說 Lion 原本就是老朋友，先前在一次餐敘的空檔，我們正巧經過他朋友公司的門市，就進去逛逛。他放我在旁邊體驗產品，自己則跟另一位同行友人邊閒聊邊拍影片，兩人一搭一唱，前後十幾分鐘時間，我看他拿著手機剪輯了起來，三兩下就把影片後製完成，我還笑他們這樣隨便拍拍能做什麼？沒想到影片上架才沒幾天，我就聽說有民眾看了那支影片，上網找到產品，他無心插柳幫朋友賣出幾件商品，重點是，那可是十幾萬的商品，不是幾百塊錢的隨身小物啊！

這兩年短影音盛行，隨著各種 AI 工具普及，製作影片的門檻也大幅下降。門檻下降是機會也是威脅，因為你可以做，別人也可以，所以拍出影片不是問題。如何用正確的方式經營起一個屬於你自己的內容戰略，從定位、從營銷的思考點著手，讓影片不是單純曝光獲取流量，而是能夠累積成你的個人品牌，近一步為自己帶來商業上的利益，我們需要一個更好的短影音指南。

一開始，我們不需要急著先花大錢找專業的網路行銷公司，只需要一本書、一支手機，就可以經營你的自媒體。Lion 這一本《老獅說教你用短影音賺大錢》可以說是他實體課程的精華版，從最基礎的工具特性到成功經營的核心技巧，拆解步驟，任何新手都能按圖索驥，找到適合你的短影音經營方式。

〈專文推薦〉

「小獅做」成為「老獅說」的逆襲

企業講師、職場作家、主持人　謝文憲

2016年起，一位面帶笑容的小弟服務著我，幫我打理麥克風、鏡頭、西裝和領帶，他跟一般服務同仁最大的不同：錄影完畢，都會跟我聊上幾句，好幾句。

他是鍾新亮，又名Leon、Lion、老獅說，我們很合拍。

疫情期間他到了大陸工作，離開前最後一年的尾牙過後沒幾天，我們在公司附近小麵館吃飯，我祝他好運。於是，他過了兩年極度辛苦的生活，返台後，果真好運連連。

2022年起，每半年他都會到我家來，我們一起喝著冰美式，聊一些商業的合作，更多時候，我看見他眼中的光芒。認識他不深的人，會覺得他是一個口才很好的小屁孩，認識他較深的我，直覺：他變得很不一樣。

去大陸之前，他除了會跟我討論請教外，大多時間他都是默默做事，每一支剪出來的影片都如我的意。我甚至還在某次惡霸租客在網路上狂洗負評的卑劣行動中，看見他護著同仁的正義感，他不是一般的年輕人，他有理想，有抱負，有領導特質，不僅能做，也能說。

大陸的兩年工作經驗，讓他看見世界之大，學習商業思維與落地技巧，用他對短影音的拍攝與個人 IP 的理解，輔以商業運作的底層邏輯，寫下本書。用我的視角，提供給各位讀者三個強推本書的主要觀察：

1. 寫的不僅是技巧，而是觀念與思維

寫下本文時，我剛從東京 12 強返台，一支企業演講時所側拍的棒球短影音剛破百萬瀏覽，用的正是：「人設、場景、議題」的操作思維，被我的接班人學員拍下、剪輯，我上傳後得到不少泛流量。雖然我做短影音只是樂趣、好玩，沒想其他，但我就是印證 Lion 思維的中年大叔，這套思維證實了：「連我都可以」。

2. 印證者，各個來頭不小

我在他的私域群組，裡頭的網紅、知識工作者、個人 IP、KOL 等，都是領域高手。無論直播帶貨、增粉漲粉、私域流量都很驚人，大多數成員很願意主動參與。他還無償利他，每月主辦私聚活動，讓大家互相交流，商業媒合。我覺得他像年輕時候的我，跟我的「做小自己，他人就會願意靠近你」的思維，不謀而合。

3. CP 值超高

他的一天課程上萬元，陪跑或代操代價不斐。書中所提內容，都是他平常教學的經典素材，沒有任何藏步，有緣上課者都會人人好幾本，更何況短影音時代來臨時，每位個人 IP 都必須收藏本書。

我很榮幸成為他新婚時的證婚人，我見證他的成長，我更見證他從「能做」到「能說」的歷程，「從小獅做到老獅說」的蛻變。

他很常謙虛的說：「我以前是體保生，不怎麼會念書。」他今天能有這番成就，我認為就是：「即知即行，用行動力逆襲命運的最佳詮釋者。」

然而，成為短影音創作者，「行動力加上思維改變」，就是成功關鍵，書裡頭都有寫。

〈專文推薦〉

持續做才是王道

飛花落院創辦人　魏幸怡

與 Lion 老獅相識在 2019 年謝文憲憲哥的課程，當時還不知道短影音是何物，短短幾年後，老獅已經在短影音領域成績斐然。

不僅如此，他還希望身邊的每個人都能用短影音創造價值，同步打造個人品牌，因此打造了一門短影音課程。

這門課程無私地幫助學生在各自領域深耕，手把手帶著大家一步一步破圈，也讓我從對短影音一竅不通到逐步熟練，讓個人及品牌有了超過預期的曝光。

在這個短影音風靡全球的時代，影音已經不只是娛樂，而是品牌塑造的關鍵武器。《老獅說教你用短影音賺大錢》正是一本集實戰經驗與策略於一體的寶典，剛好補足課程結束能後更深入了解短影音創造價值的祕密武器。

老獅私下總是無私分享自己的經驗和策略。甚至在我們撞牆的時候，花時間資源協助，希望讓短影音實現打造個人 IP 和為品牌破圈。

我也應用老獅的策略，成功為我旗下的品牌「飛花落院」與其他餐飲事業打造了具吸引力的短影音內容，不僅提高了曝光率，還吸引了更多潛在顧客。

老獅常說：「做就對了。」從零開始打造短影音品牌，不用怕做不好，不要擔心沒有流量，沒有開始一切都是免談，持續做才是王道。

Contents 目錄

1

自媒體時代機遇

1-1 短影音崛起：變現新藍海

案例 為什麼要做短影音？

近年，長影片和傳統貼文的流量明顯下降，短影音卻迅速崛起，成為新流量王者，企業品牌與個人創作者們紛紛投入市場。身邊不少人問我：「短影音究竟好在哪裡？做短影音會不會很花時間、金錢？」

這問題讓我想起我的學生阿任，他是手作飾品設計師，創業五年多，作品精緻且備受好評，但銷售卻一直無法突破瓶頸，每月收入僅能勉強維持基本開銷。雖然試過在 Instagram 分享作品，但貼文的觸及率有限，追蹤人數也不見增長，讓他非常苦惱。

去年，朋友建議他來上我的短影音課程，用短影音宣傳作品。一開始，阿任相當抗拒，他擔心製作成本太高，加上他沒有影像製作經驗，也怕沒時間學習拍攝與剪輯。

不過，上完我的短影音課程後，他並沒有額外購入設備，而是採納了我的建議，用現有手機拍下飾品製作過程，加上簡單的字幕與背景音樂，直接上傳到短影音平台。一個月後，他的一支影片竟然達到了 20 萬次觀看、增加了 900 多位粉絲，其中不少人更直接下單購買飾品。最令人驚喜的是，他還接到了精品店的合作邀約！

策略 低成本、高觸及、適應多平台

這讓阿任明白，短影音不只是娛樂工具，更是打破銷售瓶頸、觸及更多潛在客群的關鍵武器。它門檻低、傳播快、互動性強，任何人都能透過它找到自己的舞台，抓住全新的機會！

短影音為何能迅速竄紅？我們得從基礎概念談起，短影音最為人熟知的優勢是：節奏快、可迅速傳遞大量訊息、9:16 的直式畫面比橫向長影片更適合手機播放等等。

不過，除了這些能從形式上觀察到的特性，短影音其實還有許多優勢與機會，以下整理三大重點與大家分享：

1. 製作成本與技術門檻低

比起製作長影片，短影音的成本相對低很多，以基礎來說，不需要專業攝影設備與高階的剪輯技術，就像故事中的阿任，一個人、一支手機即可完成；加上平台上有著豐富的創作資源與工具，大家能透過剪輯、配樂、特效等各種手段，輕鬆產出風格獨特且豐富的內容。當然，隨著創作的熟練度提高，創作者或許會逐步升級設備與影片水準，但「初期不需投入過多成本」，無疑是短影音可以普及的原因之一。

2. 自然觸及高，陌生粉絲決定流量

短影音的流量多寡不再完全依賴創作者的粉絲數，而是由陌生粉絲的喜好決定！創作者不需花費高額廣告預算，只要利用精準的內容定位與有效的行銷策略，便能藉由自然觸及的流量獲得大量觀看，如同身為短影音新手的阿任也能取得好成績。如此，每個人都有機會在彎道超車，不必擔心永遠比不上市場上的領先者。

3. 形式多樣，適合多平台經營

短影音的創作形式非常多樣，從生活 Vlog、搞笑短片、舞蹈挑戰到知識分享，幾乎涵蓋了所有內容領域，能夠滿足不同觀眾的需求。另一方面，同一支短影音可以在多個平台上發布，如 TikTok（抖音）、YouTube Shorts、Instagram Reels，最大化內容的影響力。

除了運用上述特性進行創作，更有創作者將短影音與「虛擬實境（VR，Virtual reality）」及「擴增實境（AR，Augmented reality）」技術結合，以強烈的情感共鳴與互動，進一步塑造收看時的沉浸式體

驗，搭配快節奏與極短篇幅，更容易吸引觀眾的注意。

最後，時代潮流的變化也推了短影音一把。現代生活步調日益加快，越來越多人會利用等車、排隊或休息的片刻獲取資訊，短影音正好滿足了這種需求。

綜合上述因素，短影音在近年躍上社群傳播的主流位置，其內容與形式也不斷變化創新，成為人們生活中娛樂、購物、學習、社交不可或缺的存在。

1-2 國際與本土市場剖析：進場的黃金時機

案例 短影音已經流行一陣子了，現在還能做嗎？

一句話：市場未飽和，快加入！

與各位分享一家台灣在地天然蜂蜜專賣店的故事。這家店的帳號內容花了很多時間在拍攝蜜蜂採蜜的過程，以及蜂農的日常工作。由於這些內容在短影音市場上的獨特性很高，而且非常有趣、差異化明顯，不出所料，短短幾個月內便在短影音平台上脫穎而出，影片播放量突破百萬，網路訂單也獲得至少翻倍增長。

其他人不知道的是，過去這家公司幾乎沒有過數位化的經驗，老闆之所以決定進軍短影音市場，是因為疫情期間業務大幅下滑，老闆需要尋找新模式，提升業績。

事實上，在投入之前，這位老闆也猶豫過，現在是否為加入市場的好時機？自己的產業主題是否適合短影音？競爭會不會太激烈？

事實證明，他沒有錯失好時機。

策略 內容為王，不管何時機會都存在

台灣的網路人口多、短影音市場仍未飽和，成功與否的關鍵在於你的內容是否能否引起共鳴，只要用心經營，現在就是最佳時機，越早開始，越能抓住市場紅利。

接下來，我要再詳細談談入局的時機。首先，我們來看看短影音在國際上的趨勢。在中國和其他亞洲國家，短影音已經流行了好幾年，短影音在這些地方已經不只是娛樂媒介，更是強大的商業工具，範圍涵蓋教育、醫療、旅遊、電商等各行各業，運用領域廣泛而多元，可以說是全領域。

有些人會說台灣已經落後了其他國家好幾年，不過，這不也意味著台灣可以學習和借鑑他們的經驗，迅速提升自身內容品質和影響力嗎？事實上，我在兩岸從事短影音創作幾年的時間，見證了它的迅速崛起，深刻感受到短影音的潛力和未來發展，我認為大家絕對不可錯過這波熱潮。

台灣使用網路人口多，市場龐大

根據《Digital 2024：Taiwan》的調查數據顯示，台灣每人平均每天使用網路的時間超過 7 個小時，網路使用人數超過 2000 萬，並且有超過 90%以上的使用者會以手機上網。可見大部分台灣人會透過手機獲取資訊、進行娛樂以及消費，因此透過網路傳播、且適合手機

操作與觀看的短影音，自然已經存在著龐大的市場。

技術不斷進步，趨勢瞬息萬變

隨著用戶需求變化、技術進步創新，短影音的形式和內容也不斷演變，創作者需要不斷學習與適應新的趨勢和技術。這表示短影音生態是有機、生生不息的，每一個時期都是新開始，只要能把握趨勢，找到自己的多樣性與個性化，就不怕跟不上市場。

內容為王，創意即是時機

最後是大家最擔心的，現在進場還有好機會嗎？

我的回答是：絕對不會太晚！只要願意開始，現在就是最好的時機。

就台灣而言，多數創作者仍在觀望，甚至可以說，當每一次平台紅利來臨時，多數人都還是在等待，並沒有真的投入市場，同樣的，當「賽道」上還沒擠滿競爭者，正是進場的好時機。

另一方面，看看其他國家的短影音市場，一直都有更厲害的創作者冒出來，後浪推著前浪，為什麼呢？因為短影音是個「內容為王」的世界，不單單依靠粉絲基數與知名度，只要有差異化與特殊性，就可以抓住機會，相信案例中的蜂蜜專賣店，就是最好的示範。

綜合以上觀察和分析，現在就是適合投入的時間點，我會建議各位，提早布局、抓住機會，快成為短影音創作圈的一份子吧！

1-3 商業潛力：流量到營收的最佳媒介

案例 如何用短影音做商業變現？

「短影音可以賺錢嗎？」是學生最常問我的問題，而我的答案是肯定的，但你必須非常清楚自己的商業模式和最終目的為何。

還記得我的學生 Tiffany，她是手作皮革的愛好者，工作之餘，偶爾接幾個訂單賺點零花錢。後來，她開始透過短影音記錄製作過程，把從裁皮到縫製的每個細節都拍得很美。起初，她只是當作興趣，從沒想過用手作皮革賺大錢。所以她只有在個人社群上分享作品。沒想到有一天，影片被轉發到一個設計愛好者的社群，讓她的影片瞬間爆紅，一天內漲了 1000 多位追蹤者。

漸漸有人開始留言問：「這個手工皮夾賣多少呢？」Tiffany 靈機一動，嗅出商機，就開始在多個影音平台增加導購連結，並標註作品的價格。

結果，第一批商品不到兩天就全部賣光。短影音不僅成了她新的銷售渠道，更成了她的品牌推廣利器，吸引大批手作愛好者關注。最有趣的是，隨著流量和粉絲數上升，她甚至開了一門「手作皮革課程」，透過短影音吸引學生報名課程，成功從將流量轉化銷售，一年內賺到了過去五年的收入。

策略 精準吸客、滿足需求、有效解答

Tiffany 之所以能成功變現，關鍵在於兩點：一是吸引，二是轉化。她先透過短影音吸引目標受眾，然後利用導購及課程，滿足客戶需求，成功將流量轉化為收入。

不論你是個人還是企業，都可以透過產品銷售、課程報名來實現收入，並進一步打造品牌形象，將流量導入線上或線下的銷售管道，短影音不僅是娛樂工具，更是個人與企業打開商業機會的必備武器。

有人可能或許會問，有了流量就能賺錢嗎？

事實上，相較於傳統媒體及長影音平台能直接將流量數字轉換為收入，短影音創造出來的高流量不等於可以賺錢。由於短影音平台著重自然觸及、以及陌生粉絲流量來源，更為了公平分發流量，讓非公眾人物或大型品牌的一般人也有機會受到關注，因此，只要有特色、內容有價值，就會有流量。

有了明確的目標策略，並了解自身定位、觀眾群，才能進一步思

考如何透過廣告、贊助或銷售產品來實現收入。不論是個人工作室、賣家或企業品牌，只要掌握以下三件事，就能把握商機，開發專屬的市場。

1. 頻繁更新，保持與消費者的互動和聯繫

短影音能在短時間內傳遞大量資訊，一則不到一分鐘的商品介紹、試用評測或形象廣告，可以瞬間抓住消費者注意力，相當符合現代人在碎片化的時間中接收資訊的使用習慣。

短影音的製作成本相對過往沒這麼高，品牌可以頻繁地更新內容，就像 Tiffany 持續更新作品，除了累積知名度後，進一步開課程，與消費者保持互動，建立緊密的連結以提升銷售轉化率。

2. 了解並滿足消費者需求，準確投放廣告

短影音具備按讚、留言、分享等高互動性功能，品牌可以直接透過這些數據，了解消費者的回饋和需求，並依此改進產品與服務。相對地，短影音平台的廣告投放系統也非常靈活，若影片基礎成效佳，就可以根據用戶的興趣、行為進行精準投放，提升廣告效果，讓行銷預算花得更正確而有效率。

3. 確保長期影響力與經濟效益

大家一定要注意，一支「瞬間爆紅」的短影音雖然能迅速吸引關注，卻沒辦法持續變現！成功的內容策略需要基於市場需求和觀眾喜好，結合實際情況做出調整，才能實現從關注到獲利的有效轉化。換句話說，別一心想著創造「爆款」，長期影響力與經濟效益才是變現的關鍵。

再次總結，雖然流量不等於收益，但只要把握短影音的變現方式，釐清目標後落實於每一步驟，並反覆修正，不論是個人創作者或品牌，都能為自己創造收益。最後補充，我認為所謂「收益」並不僅是經濟上的富足，更是生活品質的提升以及個人價值的實現。

老獅說小提醒

在評估短影音商業化與獲利效益時，除了銷售數字，不妨也將其他無形價值一起列入考量。

舉例來說，「人脈」就是我相當在意的價值，我的創作方向並不以吸引用戶來參加我的課程為目的，而是花更多時間分享職場知識，讓面對同樣情境的目標受眾可以帶走並用得上，就能收獲他的關注，並且有機會找到對自己有幫助的優質人脈，這也是我透過經營短影音獲得的成效之一。

1-4 社群未來：跨文化交流的最佳利器

案例 如何透過短影音與社群互動？

在自媒體時代，我認為短影音不僅是一種行銷工具，更多是連結品牌、觀眾、社群不可或缺的橋樑。

一間手作甜點店的老闆鹿爸，原本只透過圖文和靜態照片經營社群，但互動效果一直平平。某天，鹿爸拍了一支短影音，展示自家新推出的草莓千層蛋糕，畫面中拉開千層剖面，晶瑩剔透的鮮紅草莓果凍層在燈光下閃閃發亮。

影片結束前，鹿爸不經意地問了觀眾一句：「如果這是你們的生日蛋糕，會許什麼願望？」這麼簡單的一個問題，就連老闆也沒想過，竟然讓留言區爆炸，大家紛紛分享自己的願望、曬出自己的生日照片，還有人提出蛋糕的設計建議。單單這支影片就讓甜點店短短三天內預約爆滿。老闆還順應顧客提議，新增了一款「客製化生日願望蛋糕」。

大家發現了嗎？短影音的流量創造有時就是這麼不經意，就能帶來雙向互動的特性威力。短影音，不像傳統廣告那樣一味「告訴」顧客，而是透過問題、挑戰或故事吸引觀眾「參與」，進而形成社群。

策略 從雙向互動到多方參與

短影音成功的重點，不在於你「說了什麼」，而是你「讓人參與了什麼」，我很鼓勵每個人透過經營短影音激起互動，才能從單向觀看轉化為多方參與，從而讓品牌的價值深植人心。

短影音社群：互動靈活多元，跨文化交流的最佳橋樑

隨著短影音的流行，平台用戶逐漸遍布全球，短影音也成為了「跨文化交流」的重要橋梁，創作者透過內容吸引來自世界各地的觀眾，用戶們形成各式多元的社群，也促使短影音平台的內容越來越豐富多樣。

短影音不僅僅是一種觀看的媒介，更是現代人社交互動的工具，透過按讚、留言、分享等用戶行為，創作者與用戶、甚至用戶與用戶之間可以彼此交流，形成一個個小社群。

分布全年齡層，興趣包山包海

短影音的形式與內容多元，從生活 Vlog、展現才藝到知識分享

都有，加上平台的用戶群體分布廣泛，涵蓋了各個年齡層與各種興趣，不再只是年輕朋友獨享，創作者可以透過短影音平台分享興趣和經驗，觀眾也能找到與自己喜好相符的內容，如同案例中的甜點店，透過一則草莓千層蛋糕的分享，找到了想要客製甜點的族群。而著重自然觸及的短影音平台，提供了廣闊的流量來源，只要產出好內容，便有機會被看見。

雙向社交互動，促進多方參與

別小看短影音的按讚、留言、分享功能！藉由這些行為，不僅能讓創作者與觀眾互動、提高參與感，還能使用戶們形成社群。短影音平台上的社群文化非常濃厚，用戶們根據自己的興趣加入不同社群，找到志同道合的夥伴，進行交流和互動並獲得歸屬感，儼然成為一種多方參與的社交活動。

了解觀眾需求，回饋於內容

甜點老闆鹿爸在短影音最後向觀眾的提問，創造了後續的迴響與討論，有了這樣雙向、甚至多方的互動，不僅僅是創作者對觀眾傳遞訊息，觀眾更可以直接向創作者表達想法、回饋與需求，例如在評論區留言稱讚、指出錯誤或表達希望看到的影片主題等，創作者們能夠依據這些意見調整方向，不斷改進內容，提升創作品質。

這樣的跨文化交流，以及加入這波風潮的電商與個人商家，使短影音浮出了商機，說明只要內容有趣且相關，就能引發觀看者的購物衝動，便產生了極具潛力的龐大市場。所以，短影音一定是自媒體社群時代的未來。

1-5 變現起點：全面布局定位、策略、價值

案例 想用短影音賺錢，該怎麼開始？

只要找對方向，短影音能助你開展第二收入並翻轉人生！

椿哥是一名退休的計程車司機，有一天，兒子建議他拍短影音分享開車多年積累起來的知識與經驗。起初椿哥很懷疑，這樣的影片會有人想看嗎？而且重點是，拍了能賺錢嗎？

擋不住兒子的「強烈建議」，椿哥終於推出了第一支影片——《新手駕駛如何倒車入庫》，幾天內就有上千播放量，更有許多人留言表示內容非常實用，希望他多分享一些。於是，椿哥結合自身經歷，分享駕駛與省油技巧以及乘客的故事，其中一段內容是「隧道中突然沒電怎麼辦？」，短短一週累積了數萬次觀看，還登上了媒體新聞，引發討論。

隨著粉絲數增加，椿哥意識到自己的影響力原來還可以進一步變現。於是他和品牌合作，介紹推廣行車記錄器和導航設備，短短半年，椿哥不僅有了穩定的副收入，還收穫了不少粉絲，得到不少成就感。

策略 賽道選擇、流量目的、底層價值

椿哥的成功得益於他選擇了一個最適合自己的「賽道」——汽車駕駛，並始終專注於提供實用且真誠的價值——駕駛技巧。選對舞台、釐清目的、提供價值，正是短影音變現的起點！

我們已經了解短影音與其平台特性及優勢、知道如何與社群互動以及變現的模式，可以開始創作了嗎？

先稍等一下，在正式投入之前，讓我最後提醒各位三個經營短影音的關鍵。

1. 選擇正確賽道

好的表演者與作品需要好的舞台！大家已經知道，短影音的形式與涵蓋範圍相當多元，每一處都是不同的「賽道」，投入創作之前，我們必須先選擇賽道。雖然短影音效果好，但有可能選錯賽道，會讓效果大打折扣。

有些賽道具有話題性、有些賽道小眾但充滿潛力，如果原本設定的領域已經過度飽和，競爭者太多，可能需重新考慮自己的能力與資源，衡量是否轉換戰場。就像椿哥擁有多年駕車經驗，分享相關知識與故事格外有說服力，選擇適合自己的賽道，能夠讓你事半功倍，又或是挑選賽道中的細分賽道，相對會更有機會。

2. 釐清流量目的

「以終為始」是你一開始最需要先思考的事情，是為了品牌曝光，還是立即變現？如果目的是增加品牌的曝光度，你應該專注提升內容的品質與吸引力，獲得更多用戶關注與訂閱；如果目的為迅速變現，那麼就得設計出能快速吸引觀眾購買的內容，例如產品評測、優惠方案、加入會員群組等。

要記得，先釐清流量的目的，才能制定正確的短影音內容和策略。

3. 掌握底層價值

我常問學生們：「你可以接住流量嗎？」「接住」指的是獲得流量之後，能否提供觀眾期待的底層價值。好比說，下了一場大雨，若你沒有拿水桶來接，最後這些雨水都會蒸發，那假如你有一個超大的桶子呢？是否就可以把水接進來，之後再花時間溝通和轉化呢？

短影音的內容五花八門，有些創作者分享知識，有些品牌販售商品，我則是提供短影音培訓、課程和顧問服務等內容。不論哪一種，只要能夠解決觀眾的問題，或者帶給他們實實在在的好處，就能建立穩定的受眾基礎。

經營短影音，我們必須確保自己的產品或服務有足夠的價值持續吸引觀眾，並留住這些用戶，實現長期發展。讀到這裡，大家對短影音應該已經有基本認識。下一章，我們將深入討論短影音內容與經營策略，包含平台演算法、用戶行為、完播率與粉絲經營等，請大家繼續看下去！

2

短影音內容與經營策略

2-1 內容類型擬定：先掌握精準流量和泛流量特性

案例 短影音該聚焦在哪一種流量呢？

很多人在拍短影音時，常常會困惑：「要拍大家都愛看的內容，還是專門吸引我的目標客群？」這一題，我用學生的美容診所案例來說明。

翠妃經營一間專做抗老療程的醫美診所，她拍了很多大眾愛看的影片，比如「你一定要知道的三種抗老食物」或「消除黑眼圈的極簡方法」。

的確，這些影片觀看數都不差，但真正來預約療程的人卻不多。大家知道問題出在哪裡嗎？

對觀眾來說，內容確實有用，也很有趣，但事實上，他們多半只是對一些日常保養及養生內容感興趣，並不是對診所的美容療程有強烈需求的目標客戶，因此難以吸引客戶。

後來，翠妃改變了策略，開始針對目標客群製作內容，比如「40 歲後的抗老療程怎麼選？」或「哪些人適合做玻尿酸注射？」。雖然這些影片觀看數不如之前那麼高，但卻吸引了真正有興趣的潛在客戶，診所的預約量因此大幅增加。

簡單來説，翠妃一開始用泛流量影片提升診所知名度，接著以精準流量內容找到真正需要服務的客人，這樣的策略大大增加了短影音的效果。

策略 深度內容服務精準流量；廣度內容服務泛流量

拍短影音前，先想清楚你的目標是什麼——要擴大曝光？還是提高轉單率？掌握這兩種流量的特性，才能拍出真正有用的內容！

在制定內容策略之前，我們必須先理解兩個關鍵詞，亦是翠妃成功的關鍵：「泛流量」和「精準流量」。

「泛流量」是指能夠觸及廣大受眾的內容，通常能在短時間內獲得大量觀看次數，因為其主題較為通俗、受眾面廣，如案例中的「消除黑眼圈」主題；「精準流量」則是針對特定族群設計的內容，如案例中的「醫美療程」。這類影片雖然總觀看數不高，但由於其針對性強，能更有效地吸引有特定需求的觀眾，因此在變現方面往往更具優勢。

如果你還是沒完全理解泛流量和精準流量兩者之間的差異及效果，不妨一起練習以下的思考題：

假設有兩位同領域的創作者，一位專注於垂直領域（限定領域）

的知識分享，流量雖然較小，但內容高度聚焦於特定需求；另一位則以全領域的娛樂內容為主，流量龐大，但受眾廣泛、需求不明。

大家認為誰能更快達成變現目標呢？

答案是——垂直領域的創作者。

原因在於，他的每支影片都是在與精準客群有效溝通，提升轉換率；而另一位創作者則在與非目標客群的觀眾互動，距離變現反而更遠。因此，雖然泛流量能帶來較高的曝光度，但若要轉化為實際收益，精準流量更能提升變現效率。

我們再來分析一下泛流量與精準流量的特性與樣貌，以及常見的內容類型，幫助大家更明確自己的受眾及內容類型。

泛流量

通俗易懂、情感共鳴高

泛流量的內容通常淺顯易懂，並且容易觸動觀眾情緒，創造共鳴以提高分享率，例如可愛動物、心靈雞湯、療癒日常、生活小知識等，這些內容不太受到地域限制，大部分人看到都會想按讚留言。

影片短、易分享

流量最大的關鍵指標之一便是「完播率」，只要影片夠短，就容易提高完播率，進而增加陌生粉絲的自然觸及。而長度短的影片也更容易吸引大眾點擊。

老獅說小提醒

關於如何改善完播率，2-7〈完播率：流量關鍵指標〉將有更詳細的說明與討論。

使用趨勢與熱門話題

新聞時事、流行話題、挑戰與趨勢，使用這些高搜尋量的關鍵字，讓短影音更容易被大眾看見，迅速獲得流量。

精準流量

目標觀眾明確

精準流量的內容會直接瞄準某一族群的受眾，創作者要非常了解自己的觀眾是誰，其特徵、興趣與需求為何。以我為例，在製作澳洲留學教育帳號的內容時，我只會考量如何吸引在澳洲的居住者或對澳洲有興趣的人，而不會放入其他國家或地區的元素。

提供特定價值、專業度高

由於針對特定的目標受重，影片內容也必須符合受眾的背景、專業與知識水準。例如前段所說的澳洲相關影片中，我會提供簽證服務、地理或景點等資訊，這些正是我的觀眾們需要的資訊，因此能吸引他們觀看。

呼應特定話題

思考特定話題，專門且深入地進行討論，便容易吸引到關心此話題的目標觀眾，例如「科目三、三振舞挑戰等」蔚為風潮的時候，就有許多專門深入講解當紅話題的帳號應運而生。

理解泛流量和精準流量之後，大家應該更清楚自己適合何種類型的內容了吧？至於「深度內容」及「廣度內容」比重分配的判斷標準，我會建議大家考量自身產品服務的性質，並適時運用「80 ／ 20 法則」，儘量發揮最大效益！詳細的判斷標準與操作方式，將在下一節〈內容操作的判斷標準：80 ／ 20 法則〉說明。

2-2 內容操作的判斷標準：80／20法則

案例 如何兼顧深度與廣度？

如何兼顧內容的深度與廣度，是短影音創作者常見的難題。這時「80／20法則」就是一個很好的判斷標準。簡單來說，80%的內容用來吸引大眾，提升你的品牌曝光；20%的內容用來打動你的目標客群，真正促成轉單或行動。

如果翠妃的醫美診所只製作大眾喜愛的「泛流量」影片，就會很難增加訂單。幸好她最後調整策略，針對診所受眾專門製作「精準流量」內容，才成功帶來會真正消費的客人。

那麼，兩種類型的影片如何分配比例？於是，我建議翠妃採用80／20法則來調整內容策略：她帳號的80%影片依然是「如何消除黑眼圈？」等大眾化的內容，同時但她加入了20%的深度內容，例如「注射玻尿酸應注意什麼？」，成功把泛流量轉化為精準流量。

這樣不僅能幫助翠妃擴大她的觀眾群，還能在關鍵時刻打動有需求的觀眾，促成預約報名轉化。透過80／20法則，你能輕鬆平衡深度與廣度，既能提升流量，又能實現業務目標！

策略 視產品與服務的價值調整比重

再次為大家複習：泛流量易被流傳、不受地域限制，能擴展「廣度」；精準流量則有更明確的受眾、提供特定領域的專業價值，增加了「深度」。

而透過翠妃的故事，我們知道廣度與深度，可以透過「80／20法則」策略進行分配。

簡單來說，就是將泛流量與精準流量以80：20的比例拆分，至於孰多孰少，則由你所提供的產品與服務的「價格」來決定。

高價產品／服務：80%精準流量＋20%泛流量

舉例來說，我所經營的「澳洲留學諮詢」屬於高價服務，並非多數人有需求或可負擔的內容。我會提供簽證移民、打工代辦等專業知識，進行大量的溝通與交易，獲得受眾的信任與選擇，因為高價的商品很難在不精準的流量中成交。

然而，若頻道只有這些「精準流量」的主題，很難提高觀看數與粉絲數。因此，我會在影片中加入約20%的「泛流量」內容，如當地的美食探索、農場巡禮、工廠介紹等，吸引對澳洲有興趣的觀眾，當有一天他需要留學相關的資訊，就能立刻想到我。

平價產品／服務：80%泛流量＋ 20%精準流量

平價產品就不需要精準流量嗎？我認為並非如此！以衛生紙為例，衛生紙屬於民生用品，人人都買得起，但若只呈現「此商品正在打折」這樣不夠精準的資訊，依然不容易變現。

因此，我建議提供平價產品與服務的創作者，仍要放入 20%的精準流量，如此款衛生紙的材質、設計、份量等優勢，或者實際比其他平台便宜了多少錢，以精準流量刺激消費慾望，才能促進購買。

培養品牌：經營該領域中的泛流量

如果沒有變現壓力，不需銷售產品或服務，僅單純打造品牌，則可以做該領域中的泛流量。市場中就有專做日本主題的短影音創作者，例如我的知名學生日本失心瘋，她只要與日本相關的題材都會嘗試，長期下來建立了品牌的影響力與粉絲，便有廠商會找他進行商業合作與業配活動。

總結來說，精準流量較容易變現，但較難在短時間內觸及大量受眾，泛流量則相反。

創作者們可以把握「80 ／ 20 法則」，若提供高價產品與服務，應製作八成精準流量與兩成泛流量；若提供平價產品與服務，製作八成泛流量與兩成精準流量；若無變現壓力，則推薦經營領域中的泛流量。

2-3 內容主題定位：六個必備選題角度

案例 如何選出一鳴驚人的主題？

短影音的主題就好比一張電影海報，如果不夠吸引人，觀眾根本不會點進來看。我們來看一個真實案例。

婷婷是專門做母嬰主題的短影音新手，她的內容選材都是很常見的主題，比如「如何挑選奶瓶」或「寶寶半夜哭怎麼辦」，但播放量一直很平淡，粉絲增長緩慢。

她的朋友、同時也是新手媽媽，看完影片後反饋：「內容確實很有用，但卻沒有吸引我想停下來看的衝動。」這句話給了她很大的衝擊，開始站在觀眾角度思考，什麼樣的主題才能真正吸引她們。她發現，最困擾新手媽媽的問題是「寶寶不能一覺到天亮」。於是，她以此「痛點」下手，並加入創意元素。

後來她的影片標題改為：「讓寶寶一覺到天亮的秘密，只有老母親懂！」，並在影片以輕鬆有趣的日常崩潰劇情，分享了幾個超實用的小技巧。這個主題不僅直接戳中新手媽媽的痛點，還利用「祕密」引起製造了好奇心，吸引觀眾點擊觀看。

結果，影片一發布就達到 30 萬播放量，還讓她的粉絲數暴增了 5000 人。

策略 激發好奇心為原則

婷婷的成功並非運氣，而是因為她懂得結合「痛點解決」與「創意元素」，並聚焦於受眾最在乎的問題。創作者在選題時一定要站在觀眾的角度思考：「這個內容能解決什麼問題？讓觀眾學到什麼或感受到什麼？」只要記住，爆款選題的關鍵，是「好奇心」！

從婷婷的案例中可以發現，任何短影音都一定要使觀眾產生好奇，才有機會獲得流量。那麼，創作者要如何激發用戶的好奇心？這邊先給大家三個關鍵字：金錢、性別、對立。

以美妝主題舉例，「有錢人與一般人的化妝品選擇」、「男生和女生覺得好看的妝容差異」、「美妝品牌的勞資糾紛」，這些題目是不是都很有吸引力，讓人看到就想點擊？

把金錢、性別、對立元素放入自己的領域中，便很容易勾起觀眾的好奇心，是短影音選題常見的入門手法。除了這三個關鍵字，我也綜合自己的過去經驗，與大家分享幾個素人選題的角度。

1. 蹭熱點

新聞時事、重要節日或平台上正流行的濾鏡、活動或音樂舞蹈等，只要符合當下趨勢，都很容易獲得關注。不過大家要注意，蹭熱點的內容必須搶快發布，否則一但大量重複的影片冒出來，觀眾就不太會點擊已經看過的主題了。

2. 談特色

強調自身特色，例如以「製作短影音教學」主題為例，我會向大家展現這個帳號的師資、課程、環境等特色，創造與其他競爭者的差異，以獲得用戶的青睞。

3. 講故事

用故事來包裝自己的主題和方向，舉例來說，我會在短影音教學中放入成功、勵志的案例，如經濟狀況不好的人如何透過短影音逆襲，翻轉他的人生。一個好的故事，常常也是好的影片主題。

4. 教知識

有效而實用的知識永遠都有受眾！就像婷婷分享育嬰技巧，以及我教授短影音，告訴大家如何選擇拍攝手法、為帳號取名、平台演算法甚至經營心態等，這樣充實的「乾貨」內容，在各平台上的流量都相當不錯。這邊我要提醒一下，別認為知識內容效果會不佳，雖然相較娛樂內容流量沒這麼高，但知識內容相對精準，對粉絲的黏性來說是非常有幫助的。

5. 談過程

除了知識，大部分觀眾也對其他人的經驗與感受有興趣，創作者可以分享自己的經歷，包含失敗、挫折、體悟與收穫，都是理想的選題方向。例如我的合作夥伴談判大叔，我們就實際在路上找人來對談，把談判技巧，透過比較接地氣的形式去呈現。

6. 引起共鳴

想辦法找到並強調自己與觀眾的相似之處，賦予影片感性的成分，讓用戶能對內容有所共感，便有機會將其培養為鐵粉，故事中婷婷就是以「只有老母親懂」，吸引同為育嬰媽媽們的關注。這樣引起共鳴的切角，是短影音常見的選題切角。

短影音的選題相當關鍵，對素人來說尤其重要，選對題目，就能用極有效率的方式獲得流量。

大家務必記得，最簡單的三個關鍵字：金錢、性別、對立，以及熱點、特色、故事、知識、過程與共鳴六個切入點，這一切的核心目的都是為了激起觀眾的好奇心！

掌握以上重點，就不用在五花八門的茫茫素材海中不知所措了。

2-4 內容形式比重：短影音與貼文的協同效應

案例 短影音和貼文兩者只能二擇一？

經營自媒體時，到底該寫貼文，還是拍短影音？簡單來說，我認為兩者都要經營，但短影音優先。

我的一個學生是插畫設計師達達，她的宣傳方式是透過社群貼文，分享創作作品的過程和心得，並投放然後透過廣告來曝光。但始終無法突破小眾圈層，粉絲數一直卡在3000人左右。

去年她來上我的課，想找尋突破口。我看了她的社群，貼文細膩、有深度，吸引了一群忠實的讀者，於是我建議她的短影音可以展示一張插畫從白紙到完成的過程，配上旁白，說明插畫背後的故事，將文字與影像結合，創造更豐富的內容，擴展她的粉絲群。

後來一支畫龍貓的影片在一夜之間破 10 萬次播放，被演算法推送出去，讓更多人認識她的作品。短影音帶來了大量流量；同時她繼續在貼文描述更完整的創作靈感來源、面對瓶頸時的心理掙扎等細節，繼續鞏固了她與粉絲的連結，讓她的粉絲數半年內翻了一倍。這樣的雙重呈現，讓她的內容既有視覺吸引力，又能滿足喜歡深入閱讀的粉絲。

策略 雙線經營法，五大吸粉密碼全掌握

藉由插畫師達達的故事，我想說的是：「短影音與文字貼文並非互斥，而是互補的好搭檔。」它們有各自的功能及特性，分別發揮不同的效果：短影音負責吸引視覺觀眾注意力，文字則承載更深層的資訊和情感。如果能夠兼顧兩者，就能大幅提升內容的完整性與影響力。

身為一個創作者，不論個人或品牌，想成功吸粉，都圍繞著五大關鍵元素：1. 引起興趣、2. 創造需求、3. 找到熱賣點、4. 強化慾望以及 5. 增加信任感。

首先，先引起觀眾興趣，在過程中創造可能的需求，接著推出產品或服務、強調熱賣點，以強化消費者的購買慾望，並且告訴受眾自己多年的成功案例，或許找其他名人專家背書，最終提高信任感。

你或許會問：「我沒有要賣東西，可以嗎？」當然可以！純做娛樂內容或知識分享很好，沒有變現的急迫性也沒有問題，但我認為自媒體的底層邏輯一定要做到價值交易與獲利，努力後得到報酬或回饋，才能讓生命週期更長。

再次回到主題——貼文、短影音，哪個好？兩者分別對應到五大元素的其中兩點：1. 引起興趣及 5. 增加信任感。短影音做的是廣度，擅長引起興趣，貼文則是做深度，能增加信任感。

短影音適合「破圈」、引起興趣

以影像和互動為主的短影音沒有語言隔閡，適合吸引陌生粉絲，靈活的操作與快節奏可以在短時間內引起觀眾興趣，加上前面我們不斷強調的自然觸及，容易達到「破圈」的效果，如同故事中讓插畫師達達一夕爆紅的龍貓繪製影片。

舉個例子，可愛的狗貓內容不論國內外的觀眾都能觀看和理解，提供的情緒價值的內容不會受到地域性阻礙。換句話說，只要內容夠好，短影音就能夠被推播到世界各地。不過得先排除地域性問題，例如說中文、中文字幕，相對就是會發送到看得懂中文的受眾之中。

文字有地域性限制，但能提升信任感與說服力

貼文不像短影音享有平台演算法的紅利，自然觸及不高，沒辦法被那麼多陌生粉絲看見，且文字有語言和地域性的限制，無法將內容傳播得又遠又廣。不過，這不代表我們要放棄貼文這個媒介。

短影音雖能引起興趣、增加粉絲，但看完短影音直接成交的機率並不高，反之，貼文能夠傳達更詳細完整的內容，提升信任感和說服

力，就像本章案例中的達達，便是透過細膩的文字讓新粉留下，變成鐵粉。我會建議大家，透過短影音獲得新粉絲之後，讓他們關注你的貼文，將其培養為忠實的鐵粉，以降低未來的銷售或溝通成本。

注意使用環境，把內容推給正確受眾

很多人不知道，短影音和貼文在平台中出現的位置並不同。例如，YouTube 最新公布只要低於 180 秒的影片才會被歸類為短影音，超過 180 秒則屬於讓已經訂閱者看到的內容；Facebook 與 Instagram 則需要到「連續短片」的頁面發布，才會被計算到短影音規則中。

至於 TikTok 和小紅書方面，一進入 App 便是短影音的賽道，TikTok 分成「關注中」和「為你推薦」以及「探索」；小紅書則是分成「地區」「發現」以及「關注」，各平台機制不太一樣，相對 Facebook 與 Instagram 來說，TikTok 和小紅書更不靠「基礎粉絲」來建立流量，而需要更多內容創意。

短影音吸引新粉，貼文養鐵粉

總結來說，短影音的「吸粉」能力會比貼文好，大家可以優先經營短影音，但也別放棄能夠養成「鐵粉」的貼文，讓兩種形式的內容各司其職，效果一定能夠加倍。

2-5 粉絲經營之道：了解目標受眾屬性

案例 鐵粉與陌生粉，我們該如何經營照顧？

「短影音」吸引新粉，「貼文」養鐵粉，兩者兼顧才能健康地成長！那麼問題來了，我們該如何操作者兩種形式的內容？在什麼時候該發布哪一種？我繼續用前一節插畫設計師學生達達為例進一步説明。

自從畫龍貓影片大獲成功後，她開始運用雙線經營策略，同步經營短影音、貼文內容，一邊用短影音吸引新粉絲，一邊以細膩有特色的貼文將其培養成鐵粉達到最大效益。那麼，其中的比例，她是如何拿捏平衡呢？

她通過觀察短影音後台數據，分析自己受眾的使用習慣，在粉絲上線的巔峰時間發布「貼文」，以提高內容的曝光度與互動；短影音製作方面，則按照自己的步驟，以不影響本身插畫創作節奏為前提，進行拍攝、剪輯與上傳。一步一腳印，慢慢累積達到現在的成績。

策略 分群經營法，不同粉絲，不同做法

大家發現了嗎？面對不同的粉絲，她採取不同的操作形式，結果很成功，可見鐵粉與陌生粉的經營不是非此即彼，而是需要各有側重，才能達到長期的穩定增長。

各位可能在網上看過各種網路使用習慣的研究分析，例如早上通勤、中午午休時間、晚飯後的休息時間是社群的活躍高峰，或者休假時間大家會出門社交，甚至在週末發布內容的觸及率不高。

這些分析當然可以做為參考，但事實上，各領域內容的受眾都不一樣，你會看到晚上 10 點甚至凌晨 12 點才開始直播的頻道，依然有許多觀眾與流量，選擇在下午 2 點或週末更新的創作者也大有人在，因為粉絲輪廓不同，會有不一樣的使用習慣。

貼文、短影音有別！觀察競品、善用排程

對此，我將內容分為貼文與短影音，建議大家可以依照以下方式訂定經營社群的規則。

貼文：考量受眾習慣

貼文是給哪些人看的呢？是你的粉絲，並且是已經關注、追蹤你的忠實粉絲，因此我們應該考量「粉絲的習慣」來發布貼文。大家可

以根據用戶的按讚、留言、收藏等行為，觀察自己受眾的活躍時間，並配合粉絲來更新社群。

提醒大家，貼文的觸及黃金期通常平均落在 8-10 個小時，超過之後只要互動率就會下降，便會慢慢被其他內容蓋過，除非被再次按讚或留言，否則不太會再受到關注。因此，在受眾使用平台的時候更新貼文是很重要的。

短影音：避開高峰、依照創作者節奏

和貼文不同的是，短影音的觸及沒有黃金期的限制、不會受到時間影響，加上短影音主要受眾為陌生粉絲，若您剛開始執行，我會認為發布短影音時不需太在意使用者的活躍時段。畢竟短影音的演算法機制中，流量會不斷累積循環，今天沒有進入「推流階段」，或許明天就達到了。

若你已經擁有非常多的粉絲數量，透過粉絲活躍時間也是可以參考的依據！

以我自己來說，我也和故事中的達達一樣，在發布短影音時，主要考量自己的拍攝、製作短影音的產出效率，決定符合自己創作節奏的時間點來發布，並沒有一個確切時間，別忘記短影音多數還是給陌生粉絲看的，同時是因為內容產生情緒價值之後才衍生的用戶行為，才能做到短影音推播的成效。

大家還可以分析自己的競品（競爭者帳號），觀察其他人的發布時間點，思考自己的策略，是否要比對方早更新？比對方更新得更多、更快？或者乾脆避開？

就我的經驗而言，同個時段的競爭者太多反而很難將內容推廣出去，我會選擇在冷門時段發布，提高被看見的機會。

另外，別忘了善用平台的排程功能，一支或多支影片完成後可事先設定上線時間，就不用打亂自己後續的工作進度或擔心錯過理想時間點啦。

最後幫各位總結：貼文養鐵粉，依照用戶時間更新，短影音則是增加新粉，考量自己的節奏決定。

不論短影音或貼文，經營社群都要不斷地嘗試與修正，大家不妨設定不同更新，比較各時間與頻率之成效，以所獲得的關鍵用戶行為做為依據，找到最適合自己的經營模式。

2-6 影響流量的鑰匙：各平台用戶行為權重分配

案例 如何提升用戶行為？

短影音平台像是 Instagram 和 Facebook，背後的演算法會根據用戶行為來分配流量，例如觀看完播率、互動數量（按讚、留言、分享）等。如果能抓住這些行為的權重分配，就能有效提升流量。以下是一個餐飲品牌經營者的案例。

大衛是健康便當餐飲店的老闆，為了擴大曝光，他開始經營短影音，並發布到各社群平台上。起初他的影片僅僅是「拍下便當盒特寫」或「廚師製作過程」，因為影片缺乏與觀眾的連結，觀看表現普通。後來，他針對不同平台制定了不一樣的用戶行為策略。

在 Instagram 和 TikTok 上，他在每支影片的開頭加入極具衝擊的畫面，例如「一堆不健康的垃圾食品堆在桌上，旁邊是一份超級營養的便當」，並問觀眾：「你選哪一個？」這種強烈的對比迅速提高了觀看完播率。此外，他還透過在影片中設置了互動問題，例如「你平時外食會注意熱量嗎？留言告訴我」，並提醒觀眾「分享給正在減脂的朋友」，大幅提升了留言率和分享數；在 YouTube Shorts 中，大衛則會將影片結合最新的趨勢關鍵字，例如「飲食控制」、「168 減重法吃什麼」等標籤，以符合演算法的標準，進而被推播。

透過這些策略，大衛的用戶行為數據全面提升，平台給予的流量分配自然增加，最終為健康便當店吸引了更多實體客流與外送訂單。

策略 提升用戶的完播率、按讚、留言、分享、收藏

大家有沒有注意到，當大衛開始針對不同平台的「用戶行為權重分配」下手，不論是影片流量，還是客流訂單，都有突破性的變化。因為在短影音平台上，用戶的按讚、留言、分享、收藏以及完播率等動作，是會直接影響流量的關鍵指標。

前面介紹過，短影音平台主要依賴自然觸及與陌生粉絲，這樣的遊戲規則給予素人創作者被看見的機會，只要內容夠好，並掌握演算法的推薦機制，便能獲得龐大的流量，這也是短影音在近年迅速竄紅的原因之一。

內容加上演算法等於流量，而演算法的推薦機制又受到「用戶行為」影響，因此用戶給短影音的回饋與互動才會如此重要。

各平台推薦大揭秘

那麼你可能會問：創作者本身擁有的基礎粉絲，不會幫助流量增加嗎？這一點，每個平台的機制都不太一樣。

粉絲基礎 vs. 陌生流量

關於平台對陌生粉絲、既有追蹤者或每一種用戶行為的權重分配，以下我將分別舉例台灣較多人使用的四個平台：Instagram、Facebook、YouTube、TikTok 來說明。

1. Instagram：不同形式的內容各自有別

在 Instagram 上，短影音發布時會出現在追蹤者的動態消息中，因此帳號的追蹤者（粉絲）一定會帶來基礎流量；然而影片的流量本質仍是由陌生粉絲決定，因此我們常會看見粉絲數不多，卻能透過單一支短影音獲得巨大流量的例子，反觀有些粉絲很多的帳號，內容質量不高，也無法拿到高流量的成效。

另外 Instagram 的演算法相當細膩，「貼文」會根據用戶平常按讚、分享、收藏的內容來推薦，「限時動態」會考量用戶的觀看歷史與互動紀錄進行推薦，「短影音」的推播則以用戶看過的內容、按讚過的影片與使用的標籤為參考資料。

Instagram Reels 的曝光確實不再完全依賴粉絲，而是透過「Explore（探索頁）」和「Reels 推薦流」來吸引陌生流量。因此，雖然帳號的追蹤者能帶來基礎流量，但影片的流量主要來自陌生用戶的互動。

2. Facebook：根據親密度排序

Facebook 和 Instagram 相同，短影音會出現在動態消息中，因此可以獲得追蹤者提供的基礎流量，但主要還是依賴自然觸及的陌生粉絲。

比較特別的是，Facebook 還會依照用戶與其他帳號的親密度和互動時間來安排內容的曝光順序。舉例來說，你很久都沒有看到一個朋友的動態，就是因為你和他的基礎觸及不高，當你只要重新點一次讚或是到他的主頁滑動，你和他的親密度就會提高，就容易看到他的內容。

3. YouTube：考慮地區語言、新內容與趨勢

以影片、影像為主要內容的 YouTube，其演算法重視使用者的按讚、留言、分享、觀看時間等用戶行為，根據影片標籤和關鍵字進行推播，同時會考量用戶的地區語言以及平台上的近期趨勢，案例中的大衛就是掌握了熱門標籤，而獲得演算法的青睞。

觀看時間也是 YouTube 最關鍵的指標之一。

它代表用戶在影片上花費的總時間，而不只是點擊次數。因此，提高影片的吸引力、保留觀眾觀看全程非常重要。

4. TikTok：用戶行為最重要，尤其是完播率

我們介紹過，TikTok 一進入平台便是「為你推薦」的頁面，和 Instagram 或 Facebook 不同，用戶不一定會收到自己追蹤的創作者的內容通知，因此絕大部份的流量都來自陌生粉絲。

TikTok 演算法主要以完播率、讚數、留言數與分享數來衡量影片受歡迎的程度，其中又以「多少比例的人完整看完影片」的完播率最為重要。在這個平台，質感很重要，但並不是優先考量，影片的形式、氛圍和情緒價值才是關鍵。

推薦邏輯主要是基於「For You Page（為你推薦）」演算法，因此即便是未追蹤的帳號，也有機會被推送到更多的陌生用戶眼前。

老獅說小提醒

雖然「完播率」的重要性之高，但也不能只有完播率，還需要更多的行為數據一同分析，後面將會花一章來說明！

這樣一來，大家是否理解「用戶行為」對短影音的重要性了呢？

再次強調，儘管各平台的演算法權重不同，但共通點是用戶的按讚、留言、收藏與完播率都相當關鍵，是創作者不可不重視的數據。

完播率：流量關鍵指標

案例 如何改善完播率？

如果有人問我：「哪一項用戶行為是最重要的？」我一定會說：「完播率！」影片完播率的好壞，是決定流量的關鍵指標，不容忽視。

我的心理諮詢師學生K哥，經常透過短影音分享心理健康知識。明明是專業實用的內容，但影片觀看量一直偏低，因此無法被平台推廣。

在意識到用戶行為的影響力後，他重新審視後台數據，發現自己的影片完播率普遍偏低，觀眾往往只看幾秒就滑走。

為了提高完播率，他調整影片開場方式，改以「你有沒有過這種經驗：明明很努力，卻覺得自己不夠好？」開場，直接觸動觀眾內心痛點，讓人覺得自己被理解，願意繼續看下去。

他還中引入「三步驟心態調整法」，刻意把最後一個步驟留至影片末尾，且在開頭便預告：「最後一點是最重要的，別錯過。」同時將畫面剪輯得更加緊湊，去除冗長的解釋，只保留核心資訊。

此外，他在結尾加入一個互動式問題：「如果你有這樣的情況，留言和我聊聊吧！」這不僅延長觀看時間，也提升了用戶互動率。

經過這些改進，影片完播率從 20%提升到 55%，留言數也增加了三倍，整個帳號脫胎換骨！

策略 吸睛開場、高互動、持續改良，讓人不知不覺往下看完

看完了 K 哥的故事本章節，是不是已經深切體會到完播率的重要性？首先我們要來認識這個關鍵指標：完播率。

顧名思義，完播率是指觀眾「從頭到尾看完」這支影片的比例，通常以百分比表示。舉例來說，100 個觀看次數中，有 80 次是將影片從第一秒看至最後一秒，沒有在中途停止或離開，那麼這支影片的完播率即是 80%。

完播率反映了影片的品質與對觀眾的吸引力，試想，若一部影片能吸引觀眾看了第一秒想看第二秒、看第二秒、想看第三秒，一直一直看下去，那肯定是好的內容，對吧？

另一方面，對於平台而言，「留住觀眾」相當重要，也是我們提到的「留存率」，演算法也會鼓勵創作者多與觀眾互動、拉高觀看時長。因此，完播率是經營短影音非常重要的指標，我會建議各位，比

起在意讚數多寡，應該更著重在如何提升完播率。

那麼，回到本節主題，要如何提高完播率呢？在此先提供三大方向給大家參考。

1. 吸睛開頭＋獨特內容

現代人習慣了碎片化的時間，耐心和專注力皆有限，創作者必須在第一秒就以吸引人的內容抓住觀眾的興趣，就像 K 哥改良後的影片開頭，運用問句、關鍵字或數據等能引起好奇心的方式，讓觀眾想繼續看下去。

你想想，你通常都給陌生內容幾秒的機會？ 3 秒？ 5 秒？

如同前幾章提到的，因短影音的進入門檻不高、製作成本低，競爭也不少，我們必須找到定位與差異化，針對自己的專長和風格，設計與其他競爭者不一樣的內容，才能從眾多影片中脫穎而出，得到曝光及關注，進而達到完播率。

老獅說小提醒

關於瞬間吸睛的短影音「開場神器」，將在本書 3-2〈打造吸睛開場：五種開場神器〉有更多說明！

2. 巧妙利用評論區

回想一下，你在看網路影片時，是不是也常往下滑讀留言呢？或許是想找答案、相關延伸資訊或了解其他觀眾的想法，與此同時影片仍在播放，若影片很短，閱讀留言的時候可能就已經播完一次，當我們讀完留言回頭再去重看影片，則又完成了第二次重複播放。

因此，讓觀眾停「留在評論區」是有效提升完播率的方式，你可以嘗試以下幾個小撇步：

- **【提示觀眾】**故事中的K哥就是在影片中提出了「留言告訴我」的號召，提醒觀眾留言與觀看評論區。
- **【自行留言】**創作者自己先留言，引導大家討論。
- **【點讚留言】**許多平台會自動將讚數多或作者點讚的留言置頂，而置頂留言容易形成討論。
- **【製造互動】**用其他帳號至評論區提問，再由作者回覆，優先創造互動。

3. 定期檢視成品，並持續改良

做短影音，一定要花時間檢視自己的成品，思考改進方向。創作者可以觀察後台提供的數據，並根據影片表現調整選題、腳本、時長或風格等細節。

按讚數不高，是否沒引起共鳴？留言數不多，是否應該在影片中鼓勵觀眾分享想法？完播率不理想，是否開頭不夠簡潔有力、或者影片太冗長？

經營短影音沒有一蹴而就的捷徑，而是一個反覆嘗試與修正的過程，經過定期檢視，不斷調整，才能掌握目標受眾與演算法的偏好，提高完播率，進而打破百萬流量大關。

最後，再次提醒大家，完播率是短影音的關鍵指標！在追求龐大粉絲數與流量之前，可以先想辦法提升完播率，釐清各項影片數據的重要性與先後順序，就能讓你的短影音之路走得更有效率。

2-8 破流量祕訣：掌握演算法三階段

案例 如何讓我的影片爆紅？

大家不妨先來觀察科技產品顧問 Eddie 影片的爆紅歷程。起初，Eddie 想用短影音吸引更多潛在客戶，但他帳號的影片觀看量始終不高。上完短影音課程後，他對演算法有了較多理解，便開始著手優化影片。

在一支介紹最新智能手錶功能的影片中，他使用簡潔且吸引眼球的畫面，標題是「這支手錶如何幫你提升一天的效率」，再搭配清晰的配音與字幕，並確保無違規內容，讓影片順利進入平台的推薦流量池。

接著，為了讓影片脫穎而出，他研究了近期的熱門話題，為內容新增加「# 效率神器」、「# 智能穿戴挑戰」、「# 科技改變生活」等熱門話題的關鍵字。最後，還將開場設計得極具吸引力，例如第一秒就展示智能手錶的亮眼功能：幾秒內幫助他規劃一天行程，並說出一句吸睛文案：「時間管理的秘密，藏在這支手錶裡！」他還在影片結尾鼓勵觀眾留言分享其他效率秘訣，拉高互動率。

Eddie 的策略奏效了！由於影片標籤精準、內容實用且符合大眾需求，短時間內獲得大量分享和按讚。平台 AI 判定影片具吸引力，將其推送到更大的流量池中。觀眾紛紛留言表示被手錶功能吸引，甚至詢問購買管道。最終，這支影片在短短 3 天內達到 30 萬播放，不僅帶來訂單詢問，還吸引多家企業主動聯繫合作。

策略 利用定位、標籤、用戶行為，擊中演算法核心

各位也想跟 Eddie 一樣爆紅嗎？先來認識演算法三階段吧！

「演算法」是製作與經營短影音的關鍵，掌握核心規則，才能有效運用與操作流量！這一章，我們要來詳細介紹與分析平台的演算法。

首先，什麼是演算法？它是決定用戶在平台上看到「哪些內容」以及其「先後順序」的規則，目的是讓用戶能夠接收真正喜歡的內容，並增加使用者互動。

你可以回頭想一下，你遊走在整個網路環境中，是不是很容易看到和自己最近有感的內容？例如你最近想上課的，又或是你最想買的東西，又或是你最近特別喜歡的領域內容。

演算法可以帶給使用者個人化體驗，例如看到符合自身興趣的短影音、最近有需求產品的廣告等等；反過來說，創作者也能利用演算法觸及目標受眾，更有效率地推廣和經營內容。

那麼，演算法是如何運作的呢？簡單來說，它的流程可分為三個階段：

1. 初步審查

短影音上傳後，平台會先進行第一次內容審核，確認內容沒有違規，通過之後則會進入基礎推薦流量池。以平台嚴格度來說，Tiktok、小紅書相較之下比較嚴格，會針對文字、畫面、聲音來審核。Eddie 的影片便成功通過審核，進入基礎推薦流量池。

2. 冷啟動階段

在基礎推薦流量池中的短影音處於冷啟動階段，平台的 AI 會根據時事趨勢、影片的標籤與關鍵字、用戶行為（即該用戶過去的歷史觀看行為與喜好）進行分發。

許多創作者容易在此階段遇到瓶頸，若內容本身質量不好，或是沒搭上正流行的話題、抓錯關鍵字或下錯標籤，都可能造成影片無法推薦給真正喜歡這些內容的觀眾，使按讚、留言與分享等用戶行為不佳，演算法便不會向陌生觀眾大力推薦這支短影音。加上本身又沒有粉絲基礎，那麼流量就會停留在原地不動。Eddie 就是在此階段下了工夫，為影片找到正確標籤，才能獲得演算法的青睞。

3. 破流量階段

若影片內容好，也掌握了趨勢與標籤，獲得用戶關注，AI 便會判定該短影音為受歡迎的內容，並進行多層次推送，這時就進入了「破流量階段」，流量會以驚人的速度成長。Eddie 因為在冷啟動階段獲平台關注，被大力推送，才能快速破流量及成功變現。

大家應該能看出來，影片的內容與定位、設定的關鍵字與標籤，還有因此引起的用戶行為，是演算法推薦機制中的關鍵，想獲得流量觸及，創作者必須從製作影片起就開始思考。

2-9 百萬流量心法：擴大自然觸及

案例 為什麼粉絲很少，卻能爆出百萬流量？

社群帳號粉絲不到 500 人的室內設計師 Kate，因一支標題為「小空間大變身：只花 3 萬讓 10 坪房子變豪宅！」的影片，讓她在短時間內爆紅，流量突破百萬。這不禁讓許多粉絲數遠高於她的創作者大感疑惑——她究竟如何做到的？

影片中 Kate 以 30 秒的快速剪輯，展現從破舊房屋到設計完成的全過程，結合震撼的「前後對比」畫面，讓觀眾目不轉睛看完整支影片，完播率極高。

此外，她還特意加入了簡單的設計祕訣，比如「善用鏡子讓空間變大」和「低預算打造高質感家具」，讓觀眾覺得既實用又有趣。

此外，Kate 選擇了貼近大眾需求的話題——「小空間設計」，搭配如「# 裝修靈感」「# 設計改造挑戰」等標籤，成功吸引大量用戶互動。不少觀眾留言詢問更多細節，或分享自己的裝修故事，引發了連鎖效應，按讚、留言、分享皆飛速提升，幫助影片更快破流量。

這支影片之所以能爆紅，正是因 Kate 文掌握了完播率、互動數據、熱門話題和創意設計，再加上演算法對高質量內容的偏好，儘管粉絲不多，她仍藉此撬動巨大的自然觸及，創下實現百萬流量的佳績。

策略 關鍵用戶行為、話題及創意、影片推薦機制

Kate 的故事應該是很多人心中困惑已久的問題：為什麼時常看到粉絲數不多的帳號擁有百萬流量，甚至登上平台的熱門推薦？

關鍵在於四個字：用戶行為。

我們在前面提過，短影音流量主要來自陌生粉絲與自然觸及，而根據演算法，能否獲得自然觸及取決於影片的用戶行為表現，而非帳號的粉絲數量，不能說粉絲數量沒有幫助，而是流量高低不只是取決於粉絲數。

那麼，我們該做什麼才能像 Kate 這樣乘著演算法的巨浪，衝出百萬流量呢？在這裡，我為大家整理了會影響影片登上熱門的五個因素：

1. 完播率

如同本書前面談到的，若能吸引觀眾看完整部影片，也就是擁有

高完播率，那麼肯定是優秀、有趣甚至能引起討論的內容。只要有高比例的觀眾能將影片看完，通常流量也很不錯，也可以這樣解釋，「努力讓用戶從頭看到尾」。

2. 互動數據

簡單來說，觀眾在「完播率」達成（看完影片）後，若產生共鳴便會「按讚」，找到差異化容易「留言」，產生興奮點或趨勢會「分享」，「關注」則是想看更多。而按讚、留言、分享、追蹤關注等互動數據表現越好，影片登上熱門的機率也越高，所以一個高流量的影片，通常都具有這些關鍵數據，案例中的 Kate 也是因為掌握了影片的互動率，而獲得更好的觸及。

3. 觀看時間

觀眾在影片上花的時間也是影響流量的因素之一，平均觀看時間越多，被平台推薦的機率也越高。

4. 話題與創意

如同 Kate 選擇了貼近大眾需求的「小空間」話題，影片主題在市場上是否熱門？品質和創意是否足夠？能不能引起用戶的興趣？這些因素，都與影片能不能被演算法推薦、進而登上熱門排行有關。

5. 平台演算法

當然，演算法本身也會直接影響影片登上熱門的機率！舉例來說，抖音就曾為了留住更多使用者，策略偏向讓素人爆紅，也因此調整了平台演算法，我們才會看到大量的素人帳號登上熱門推薦。

了解獲得流量、登上熱門的核心關鍵之後，我想給大家一個小測驗，請試著閱讀以下練習題，並推測此案例中的影片是因為什麼因素獲得流量。

練習題

一支影片在 15 分鐘內累積了 26 萬的觀看量，這期間它共獲得 5000 多個讚、1000 多則留言、120 次分享與 290 個收藏，平均觀看時間是 17 秒。

你認為它能獲得佳績，哪一個因素是關鍵？

答案是特別突出的「留言數」！

你想想，通常絕大多數的人都是看完影片才會留言。沒錯，這就是前面章節提過的小技巧：讓觀眾停在留言區，便能夠不斷增加完播率與復播率，提高互動指標。

為大家複習，製作短影音時，我們可以在影片中鼓勵觀眾分享看法，或者自己率先留言開啟討論，當用戶閱讀或寫下留言的同時，影片仍在持續播放，如此一來便能提高觀看時間和完播率。

最後幫各位總結，想讓影片登上熱門推薦，除了不斷強調的完播率，用戶的互動數據、觀看時間，影片的話題和創意，以及平台本身的演算法，都是影片獲得流量的重要因素。

3

內容變現無限可能

3-1 爆款文案寫作：增強追蹤與訂閱的動機

案例 如何設計出爆款內容腳本？

選出影片主題後的下一步——就是要來設計腳本。腳本是短影音的靈魂，只要能做出吸睛的腳本，影片爆款不再是難事。現在先讓我們來看看理財知識創作者賈斯丁其中一支爆款影片腳本內容吧！

賈斯丁經營短影音一段時間了，他的影片雖然專業，但缺乏吸引人的亮點，觀眾常在幾秒內滑過，完播率極低，觀看數也不佳。我建議他從腳本設計入手。

他挑選了一個熱門話題：「月薪 5 萬，如何存到人生第一桶金？」，並先從新奇的開場白切入：「如果我告訴你月薪 5 萬也能在 3 年內存到 100 萬，你相信嗎？」，以問句這個挑戰觀眾認知的問題，瞬間激發興趣。

接著，他在前 5 秒內迅速說出重點：「重點不是存，而是讓錢自己生錢。」節奏明快直白，吸引觀眾繼續看下去。

除此之外，為了提升觀眾參與感，他用問題與觀眾互動：

「你的存錢目標是多少？留言告訴我！」同時分享自己存錢初期的掙扎，觸發共鳴：「我以前也迷茫，覺得月薪有限很難存到錢。」最後搭配數據圖表與存錢進度條，讓整個影片在視覺上更有吸引力。

最後，這支影片成功地吸引觀眾在留言區熱烈討論，大幅提升完播率，互動數據也跟著翻倍。

策略 遵循一核心、五大重點

首先，我要開門見山地告訴大家：爆款腳本的核心和選題一樣，依然是「好奇心」。

賈斯丁影片成功爆款關鍵就在於，他抓住了爆款內容的核心——好奇心，再依循五大重點：新奇、節奏、參與、共鳴與視覺感，創造出讓人停不下來的爆款影片！

唯有最大化觀眾的好奇心，才能打開流量池，在短影音平台上取得成功。

大家不妨在完成腳本時請身邊的人試閱，問問他們是否會對這些內容感到好奇？或者用旁觀者的角度確認，如何調整能更加深觀眾的好奇心？

通常主題一出來，我們很容易判斷：這主題有多少人想聽？有多少人有感？也就能大概知道能做多少「廣度」。

此外，觀察市場上的爆款影片，你會發現這些腳本大都符合幾個原則：在 5 秒內切入重點、吸引觀眾，跟隨新聞時事或平台趨勢、抓住熱點，且以簡單易懂的呈現方式。想成為爆款，至少要做好這些基本功才行。

關於如何在 5 秒內抓住觀眾的吸引力，將在下一節詳細討論，千萬別錯過！

激起用戶的好奇，並掌握基本原則後，我們必須產出有趣、吸睛且能使人共感的內容。對此，我為大家整理了設計腳本時的五大重點，各位可以搭配開頭的案例閱讀，嘗試分析賈斯丁如何將以下重點融入腳本中。

1. 新奇感

思考並設計獨特的內容、風格和呈現方式，讓觀眾感到驚艷，產生興趣並對影片感到好奇，越沒看過的越容易火。賈斯丁用的是現下小資族最關心的存錢話題，因此快速吸引不少觀眾。

2. 節奏感

在 5 秒內抓住觀眾的核心關注點。其中所需的技巧和工具，將在下一章節揭曉。賈斯丁便成功在 5 秒內說出賺第一桶金的重點，成巧抓住眼球。

3. 參與感

提高觀眾的代入感，為他們打造宛如第一人稱的參與感。賈斯丁便以問題方式激起互動。

4. 共鳴感

以感性角度觸發觀眾情緒，使其對影片的情境、主角、故事產生共鳴。賈斯丁分享自己曾經的困境掙扎，是很容易讓觀眾共情的方式。

5. 視覺美感

不論是畫面、人物或景色都需用心思考準備，以視覺上的吸引力獲得觀眾注意和喜愛。賈斯丁整理的數據圖表與進度條成功吸引觀眾停留，閱聽效果非常好。

引起興趣，觸發共鳴，不囉唆直接示範給你看！

百聞不如一見，接下來，我要用一個簡單的短影音開頭，示範如何寫出符合上述五大重點的腳本。

腳本範例

「各位，如果你是一個有野心、卻覺得自己行動力不足的人，真的要聽完我接下來講的內容，我今天會教大家如何獲得行動力。我今年34歲，創造了千萬流量，賺到人生的第一個8位數……聽到最後，你才會知道主要原因不是我的意志力很強，而是我經常做多巴胺排毒法。」

大家注意到了嗎？我以「行動力不足」吸引觀眾的注意並觸發共鳴，接著快速用「流量實績」激發好奇，讓他們想要往下看，才能呈現本支影片想傳達的多巴胺排毒法。

總結來說，短影音的文案腳本必須圍繞著核心關鍵：好奇心，透過新奇感與節奏感吸引觀眾，一秒接一秒地看下去。

同時，我們要提高參與感與共鳴感，產生「我也是」的認同，使其想要留言與分享；影片的整體美感和內容則會讓觀眾產生期待，想看到更多內容，增強追蹤與訂閱的動機。

3-2 打造吸睛開場：五種開場神器

案例 如何快速抓住觀眾眼球？

各位都知道，必須在影片開頭便抓住觀眾目光，吸引觀眾繼續看下去，進而提高演算法所重視的完播率。關於這題，我們先來看看邱君的故事。

邱君是美妝品牌創作者，為了提高完播率。她決定加強影片的開場技巧，讓觀眾在前 5 秒就被吸引。經多番嘗試，她總結出幾種成效極佳的開場方式。

首先，她一開頭便提問：「你的粉底為什麼總是卡粉？」先直接戳中了觀眾的痛點，讓人忍不住想知道答案。

另一種是直接展示了一個妝花掉的臉部特寫，並配上字幕：「原來 90%的女生都犯了這個錯誤！」，以畫面激發觀眾的好奇心，吸引他們繼續觀看。

有時候，她會馬上開始示範正確的上妝手法，不拖泥帶水，讓觀眾覺得實用又高效。

另外，他也會以數據式開場，如「90%的女生忽略這個技巧，多花一倍的化妝時間」，會讓人感覺這段內容有理有據，值得一看。

透過這些手法，邱君的影片很有了進步，這支影片播放量短時間內突破 20 萬次觀看，完播率也創新高。

策略 發揮「滑梯效應」，前五秒致勝

現代人耐心減少，使用網路社群的時間也呈現碎片化，若無法在影片的開頭就抓住目光，便很難從眾多內容競爭者中脫穎而出。

我認為創作者們必須設法讓用戶至少停留五秒鐘，也就是說，影片的開場方式是決定該短影片流量表現的關鍵之一！

滑梯效應：一句接著一句，一幕接著一幕

在這裡，我要為大家介紹一個概念：滑梯效應。

滑梯效應指的是，不論行銷文案或影片腳本，每一句話的目的都是為了讓觀眾閱讀觀看下一句話，一句接著一句，一幕接著一幕，直到最後達成完播率。

至關重要的影片開場當然也是如此，我們要想辦法讓用戶產生好奇心，一秒一秒地看完所有內容。我會提供大家 5 種開場神器，幫助各位在 5 秒內抓住粉絲的眼球，發揮滑梯效應！

1. 提問式

用一個問題做為開頭，簡單地引起觀眾的好奇心。例句：你為什麼賺不到錢？就像邱君直接在影片開場問觀眾「為什麼你總是卡粉？」就是很好的應用。

2. 好奇式

使用大眾會感興趣的關鍵字，能夠有效吸引目光。例句：住在價值 10 億的豪宅是什麼感覺？

3. 爭議式

抓到用戶的痛點，以受眾在意的議題做為開場。例句：所有人都能用的賺錢法。

4. 數據式

呈現實際數據，直接告訴觀眾此影片提供的內容。例句：月薪從 3 萬到 300 萬，我做對了哪些事？邱君以「90%女生忽略的技巧」與「多花一倍化妝時間」切入，都是採取這樣的手法。

5. 恐嚇式

強調若不觀看影片，會失去、錯過、浪費什麼，讓觀眾因不想損失權益而留下。例句：不看是你的損失／沒做好這三件事，你就不會年薪百萬。

我也建議大家極致化影片中的身份、場景、道具與情緒，以強烈的感受或衝擊吸引注意力，讓內容能瞬間「跳入」眼中，例如用小朋友的視角拍攝、與媽媽對話，打造視角反轉的趣味性，或在不合理的地方做不合理的事情，激起觀眾的好奇。

總結來說，在這個時間碎片化的時代，每一支短影音都在競爭眾人的注意力，嘗試用以上五種開場神器幫內容美好開局，在五秒內引起注目、激發好奇心，並運用滑梯效應留住觀眾，最終達成完播率。

3-3 創造引爆話題的內容：快速提升品牌知名度

案例 擔心錯過流量，該不該結合時下熱點？

漢董是一位專注於烘焙領域的短影音創作者，常分享各種家庭烘焙食譜與技巧，深受烘焙愛好者喜愛。

隨著平台上各種趨勢和熱點的出現，漢董發現自己經常面臨到一個問題：應該緊跟熱點話題，還是專心分享自己的垂直專業內容？

有一天，某明星因在做甜點時不小心發生了意外，這個話題迅速成為社交媒體的熱烈討論焦點，很多人都在討論如何避免這類烘焙失敗。漢董決定按照老獅教過的 80 ／ 20 法則來處理這個問題。他將自己 80%的內容聚焦在分享高級的烘焙技巧和食譜，20%的內容則選擇跟進這個熱點。

於是他拍攝了一段短影音，從專業角度分析如何避免烘焙中的常見錯誤，並結合明星的意外事件，提供有趣且實用的小技巧。既能吸引熱點話題的觀眾，又不偏離他一貫的烘焙專業內容。

果不其然，這支短影音不僅成功吸引了大量新粉絲，提高了他帳號的曝光度。熱點話題幫助他在短時間迅速獲得流量，結合自身內容，也再度加強他身為專業烘焙博主創作者的形象。

策略 調控熱點與垂直內容的比例

經營短影音時，創作者常會遇到跟漢董一樣的難題：平台上正流行的趨勢、新聞熱點，我要不要跟上？這個熱點能不能給我帶來更多流量呢？

沒跟上話題怕錯過了流量，可是想要結合話題，卻發現熱點本身跟我的內容沒什麼關係，該怎麼辦？又或者，如果過度關注熱點，我的粉絲會不會開始質疑我的專業性？

這種時候，就要回到前面提過的 80 ／ 20 法則。

簡單幫各位複習，80 ／ 20 指的是以產品或服務的價格，決定泛流量與精準流量的比例。若為平價定位，則經營 80%的泛流量與 20%的精準流量；如果高價定位，便將兩種流量的比例交換；若沒有急迫的變現壓力，則經營領域中的泛流量。

1. 應用 80/20 法則：80%垂直內容＋ 20%熱點

將 80 ／ 20 法則挪移至現在的情境，在選擇「專心做垂直內容」或「結合熱點」時，我們可以參考漢董的做法，將這個比例轉換為：80%的垂直內容與 20%的熱點。

也就是說，80%垂直內容持續專注於自己的專業領域，讓粉絲仍然知道你是誰、做什麼。20%熱點內容：適度地跟進熱點趨勢，吸引新的觀眾群體，迅速提升曝光度，但要確保這些內容與你的專業相結合。這樣的策略不會讓你的品牌形象模糊，反而能夠在吸引流量的同時保持專業性，逐步實現變現。

舉例來說，若我是一個健身帳號的創作者，看到了「獨自臥推遭壓傷」的新聞，便可以融入自身專業，從知識分享的角度告訴大家怎麼安全地健身，這就是將熱點與垂直內容結合。另一方面，我也可以偶爾嘗試如科目三等平台上流行的挑戰，儘管和健身無關，但能夠拉升粉絲與流量。

只要保持 80%垂直內容、20%熱點趨勢的比例，讓用戶仍能辨識你的主題領域，適度操作熱點是沒問題的。

老獅說小提醒

不建議大家結合負面或爭議性的熱點，以免傷害好不容易經營起來的 IP。例如你是醫師，就盡量符合醫師的人設，建議不要拍一些和有損醫師形象的內容，會讓信任感下降。

2. 追逐熱點：提升個人 IP 知名度

我經營了一個帳號「老獅說」，時常討論新聞時事、當紅議題相關內容。

如此操作的原因是，在這個帳號上我並沒有急迫的變現需求，而是將目標放在「提升帳號知名度與曝光」，因此透過緊跟熱點，讓陌生粉絲能迅速看見我。

實際經營下來的結果，老獅說的 IP 知名度確實相當不錯，但相對其他的帳號就比較不賺錢，即使流量容易拿到十萬以上，但比起垂直帳號來說，變現率非常低。

3. 粉絲數不等於變現能力

再次強調，粉絲多不代表能夠變現！相反地，只有少量粉絲的帳號有時也能為你大來大筆收益。

以我的另一個帳號「澳洲帳號」為例，這裡分享了大量的澳洲相關資訊，包含旅遊、飲食、文化等，同時也讓大家知道，我們有提供澳洲留學的代辦服務。

如此一來，這個帳號受到了許多對澳洲有興趣的用戶關注，當這些人有辦簽證或留學的需求時，自然而然會想到我。而代辦服務的價格較高，因此不需要大量粉絲，也能達到很不錯的變現效果。

大家別誤以為一定要擁有大量粉絲才能變現，掉入盲目追求關注人數的恐怖誤區，反而把時間與成本花在錯誤的地方。

最後，想要流量爆發，最重要的還是釐清自己的定位與內容、選對主題並使用正確的技巧構築腳本，以及適時結合熱點，才能打開流量值，成為貨真價實的爆款！

3-4 內容行銷：善用賽馬機制

案例 內容很棒，如何快速有效推播出去？

寶哥是一名健身教練，透過短影音分享正確的運動技巧和飲食建議。內容具有專業性，實用性也很高，流量卻始終停滯不前。

寶哥忽略了短影音平台流量曝光的最重要關鍵——「賽馬機制」，即平台根據用戶的觀看、點讚、留言和收藏等互動行為，決定影片的曝光和流量。

他發現，簡單易懂且富有趣味性的內容能夠引起觀眾的共鳴，促進平台的推播機制，並在長期持續帶來流量。

他開始製作簡單易懂、具趣味性的內容影片，例如拍攝「5分鐘學會正確的深蹲」這類短小精悍的內容，並以幽默的方式展示常見的錯誤和正確姿勢，這樣的內容迅速吸引了大量同時在影片中與觀眾的互動，時常提問、邀請大家留言或分享給朋友，成功吸引大量的留言、按讚、分享。

隨著觀眾的積極參與和影片的反覆推播，寶哥的影片突破了同溫層，獲得了大量的曝光。

最終，他的帳號順利突破流量瓶頸，收穫更多新粉絲，證明了在賽馬機制的循環下，關鍵是製作能引發互動的內容，從而突破流量瓶頸。

策略 挑選合適賽道，讓影片脫穎而出

各位是否感到好奇，這個「賽馬機制」究竟是何方神聖？為什麼寶哥調整了影片內容、提高互動率，就能帶來如此巨大的改變？我們能如何掌握與運用？現在將帶大家一步一步來了解！

我們將短影音的平台及各領域分類稱為「賽道」，創作者們推出的內容在其中競爭，試圖爭取更多關注與流量。來到這一節，我要進一步與大家分享另一個概念：賽馬機制。

還記得在演算法的進行流程中，短影音在通過初步審核後，會進入「基礎推薦流量池」嗎？在這裡，所有內容會透過 AI 的智能分發獲得不同流量，而這個分發的過程，可以視為一場「賽馬」。

公平、公開、趣味性的短影音流量競賽

所謂「賽馬機制」，是將短影音獲取流量的過程比喻為賽馬，在特定的時間範圍內，平台中所有用戶都是裁判，通過「用戶行為」來

支持自己喜歡的「選手」。沒錯！這裡的互動指的便是平台上的觀看、按讚、留言、收藏等行為，這些行動會影響短影音的排名與成績，而最終「勝出」的短影音，可以拿到獎項——一大筆流量。

最重要的是，為了確保競賽的公平、誠信與趣味性，短影音平台的賽馬機制建立在以下三個原則上：

1. 不論粉絲數、知名度，人人公平競爭

每個創作者都有平等的機會，不論粉絲數量、知名度或在圈子裡的影響力，尤其是TikTok、小紅書，大家都可以在相同的規則下競爭，充分展現自己的實力，以內容決勝負。因此，就算寶哥是粉絲基數不多的素人，也有機會獲得演算法的推播。

2. 互動數據皆透明公開

賽馬機制中一切過程都是公開的，所有人皆能看到每一支影片的瀏覽、按讚、留言與收藏數字，不僅確保競賽的透明度，用戶也能知道該內容的真實表現。

3. 互動有趣，吸引用戶積極參與

用戶的瀏覽、按讚、留言、收藏皆象徵著影片被投下了寶貴的一票，每一個行為都會影響到創作者的競賽結果，透過這樣的「投票」

來支持喜歡的選手，讓使用者們產生參與感，更積極地參與並融入整個短影音社群。舉例來說，觀眾看見其他人在寶哥影片下的留言分享，或許會被激發興趣，也想參與討論。

一個月之後，影片依舊增加流量

這樣的賽馬機制會不斷循環，好的內容能在循環中持續被推送，半年前、一年前的影片依舊可能被看見，不需要廣告行銷也能持續獲得流量。因此，了解賽馬機制的遊戲規則，找到讓觀眾願意支持自己的方式，是創作者們最重要的課題之一。

那麼，要如何在賽道中脫穎而出呢？除了前面講過的衡量競爭者與市場飽和程度、挑選適合自己的賽道，我也建議大家產出「垂直內容」，即專注於某個特定領域，避免帳號內容太過混亂、失去定位。最後，必須做出「差異化」，別一味複製成功案例，獨一無二的內容才是致勝之道。

另外，短影音的「完播率」也是讓創作者們在賽馬機制中勝出的關鍵，其重要性之高，我們將花一節來介紹，各位敬請期待！

3-5 擴大粉絲基數：內容簡單易懂、好消化

案例 如何突破同溫層粉絲？

紹宇是一位專門分享街頭滑板技巧的短影音創作者，深受滑板愛好者推崇，擁有許多重視技術的粉絲。然而，隨著時間推進，紹宇發現自己的觀眾群幾乎都是同一群人，這些粉絲非常忠實，但他想要進一步擴大影響力，卻發現一直難以突破當前的追蹤基數。

我在觀察了平台上其他受歡迎的滑板短影音後，我建議他應該放下高深的技巧內容，嘗試吸引更多入門者和年輕觀眾。

於是，他開始調整創作方向，大量減少過於專業的滑板動作演示，轉而創作簡單且易懂的短影音，介紹如何利用日常物品來練習平衡，以及體驗滑板玩具的趣味短片。

結果，這些好懂的內容成功吸引了大量新的年輕粉絲。接連幾支爆款影片讓紹宇的帳號迅速打開知名度，雖然這些影片不像過去的技術影片那麼專業，但卻幫助他突破了同溫層，並成功吸引到更多不同類型的滑板愛好者。

策略 降維打擊，從大眾開始，層層推進

紹宇的案例給了各位創作者一個重要的提醒，若想長久經營帳號，突破同溫層是我們必須面對的挑戰，而想要觸及更多粉絲，第一件事便是放棄「專家思維」，採取「降維打擊」，從大眾開始，層層推進。

以紹宇來說明，他放下過於於專業的技巧內容，轉而製作簡單且易懂的滑板入門影片，吸引更多入門者和年輕觀眾，並通過幽默、風趣的方式將滑板技巧進行簡單呈現，使內容更容易被廣大觀眾接受。當影片成功吸引大量的基層流量後，借助平台的推薦演算法，進一步擴大內容的曝光範圍，進而觸及更多受眾。

我明白大家都想在自己的領域中展現專業，提供許多知識或經驗分享，如同紹宇起初堅持推出專業的滑板技巧內容，然而這種想法可能很危險！因為深奧的觀念、專業艱澀的內容，只有特定族群能聽懂，然而這樣的策略在現今的短影音環境中顯然不適合，為什麼呢？

1. 用戶年齡分佈低

以 TikTok 為例，根據 ByteDance（字節跳動）中的數據顯示，2024 年初，TikTok 在台灣約有 565 萬名年滿 18 歲的用戶，占成年人口的約 27.8％，使用者年紀普遍來說比較年輕，而這些網路原生代

早已習慣了碎片化的時間、淺顯易懂的主題、以娛樂為主的短影音內容。

在這樣的前提下，使用高大上而艱深的文字或概念，很難引起年輕人的興趣，更別提獲得流量了。

2. 賽馬機制層層推薦

那麼，為什麼要如此重視這些年輕用戶的喜好呢？因為他們人數最多！上一節介紹「賽馬機制」時提到，平台的演算法會一層一層、迴旋地反覆推播影片，如果沒有這些年輕粉絲做為基層流量，內容便很難被推到第二層、第三層甚至千百萬的流量。

反過來說，推出簡單易懂的影片，做好基層流量，在賽馬機制掌握優勢，透過演算法推播，當影片觸及到 35-49 歲或更年長的受眾，他們也能夠看得懂。

因此我建議大家，製作好懂的內容，並將專業補充放在影片資訊欄以及個人簡介上，讓有興趣的人自己延伸閱讀。

3. 單一影片流量更重要

為大家釐清一個觀念：單一一支破百萬流量的影片，比累積破百萬流量的帳號成效更好，甚至非常有機會上電視新聞，我們就有非常多學員的案例。

不要小看爆款短影音的流量，在我的經驗中，單一一支爆紅影片的漲粉速度與帶給帳號和品牌的效益，遠遠超過一般影片的緩慢累積。而簡單好消化的內容更能夠打入基層大眾，吸引目光，成為爆款獲得流量！

也就是說，創作者不該過於堅持專家思維、放棄年輕粉絲，不要把生硬的內容直接塞給觀眾，應該透過白話的方式重新詮釋，抓住基礎用戶並貼近大眾，才能創造大流量。

最後再次總結，突破同溫層並不意味著放棄專業性，而是要調整內容的難度，將知識轉化為適合大眾的形式，才能真正吸引更多粉絲，並利用簡單易懂的內容來創造爆款影片。

3-6 多社群平台行銷：流量最大化

案例 完成一支短影音後，應該發布在哪裡？

完成一支短影音後，應該發布在哪裡？現在的社交媒體這麼多，創作者究竟該專注經營一處，還是遍地開花、提升知名度？

我的學生 Eman 是一位熱愛烹飪的創作者，經營著自己的短影音帳號，分享各式各樣的美食食譜。儘管影片品質很好，也收到許多正面回饋，但粉絲增長速度有些停滯不前。最近，她的 TikTok 帳號更因一次錯誤操作被封鎖禁，讓她很擔心自己會失去所有的粉絲。

後來，她來參加我的課程，聽到我的「多平台行銷策略」後深受啟發。於是，她決定將內容同時發布在 TikTok、YouTube Shorts 以及 Facebook 等平台。希能夠觸及到不同年齡層、興趣愛好的觀眾。

經過一段時間的嘗試後，她發現 TikTok 平台的年輕用戶對時尚食譜非常感興趣，因此她精心設計的「最潮韓式炸雞食譜」在 TikTok 上迅速爆紅。而在 Instagram 上有不少的對家庭烹飪感興趣的用戶，因此她則專注於更精緻的美食擺盤和詳盡的食譜說明，並迅速吸引了大量新的粉絲。

後來一次聊天，她跟我說：「以前我覺得，我的粉絲又不常用 Facebook 及 Instagram，有必要發布在全部平台上嗎？」。

然而，現在她的想法完全改變了，內容在不同平台發布和經營，不但能降低風險，也不必擔心一夕之間失去曝光機會，反而能憑藉著在多平台累積的知名度，快速恢復了流量。

Eman 透過了解每個平台的需求與受眾偏好，持續優化自己的內容，最終成功將自己的美食帳號打造為一個跨平台的品牌。

策略 全方位增加觸及、降低風險、檢視優化

藉由 Eman 的案例，我會建議大家：一定要發布在所有平台上，使流量與變現最大化！而該這麼做的原因主要有三：

1. 各平台使用者有別，多方增加觸及

不同社交媒體的使用者年齡層、興趣與地理位置都不一樣，經營多個社群平台可以幫助創作的內容被更多人看見，增加觸及，並接

觸到潛在客戶。我們來思考一個問題，相信大家工作都很忙，回家估計只會打開比較常用的 2-3 個平台。以我來說好了，我大概就是以 Facebook 和 Instagram 為主，剩下的平台偶爾才會打開，這代表什麼？不同平台等於不同受眾，你是非常有機會觸及到更多潛在的受眾。同時，你並沒有增加更多的成本。

2. 把握優勢，降低風險

眾社交媒體平台各自擁有特定優勢，舉例來說，大家都說 TikTok 是目前流量紅利較高的，創作者可以把握時機多在上面發布內容。在多個平台發布作品的創作者能夠即時把握優勢，做出更彈性的經營策略。

另一方面，如果把所有內容都放在同一個平台上，一旦帳號不小心違反規定或遭人檢舉，被平台封鎖，即失去了全部的曝光機會，以及與用戶溝通說明的管道，產生巨大損失。因此多平台經營也是一種藉由分散投資來降低風險的方法。

3. 測試並優化內容

不同平台的演算法皆不一樣，創作者可以觀察短影音在各平台上的成效，做什麼樣的內容、哪種影片長度、什麼風格、下哪些標籤能吸引最多關注，從而確定哪個平台是自己的主戰場。

短影音的用戶互動頻率高，別忘了時時檢視觀眾回饋，了解各平台的受眾偏好，並根據不同平台的規則和生態來調整優化創作內容。

總結來說，短影音創作者們可以將影片發布到多個平台，以增加曝光、降低風險；具體操作上，則要注意不同平台的優勢和需求，並不斷測試優化。

希望大家在製作與經營短影音，充分利用各平台和自身特性，最大化效益與流量！

3-7 流量健檢室：把握三大原則，不怕沒流量

案例 為什麼我的影片都沒有被推薦出去？

短影音創作者 Maru，熱衷分享自我提升與心靈成長相關內容。最近，她注意到自己用心製作的影片，竟然難以進入推薦池，流量也大幅下滑。這讓 Maru 感到非常困惑：為什麼最近的影片無法獲得更多曝光？

因此，我決定帶著她進行一次「流量健診」，好好檢視自己的帳號問題。

首先，Maru 檢視了用戶行為指標。她發現自己的影片大多都未能引起大量留言與分享，尤其是在一些心靈勵志的主題中，粉絲往往只是按讚並快速滑過。於是，Maru 開始在影片中加入了更多互動元素，如邀請粉絲分享心得或提問，鼓勵觀眾參與討論。

接著，她觀察到，雖然觀眾點擊播放後觀看時間較長，但完播率並不高。為了提高指標，她優化了影片內容，從開頭就能迅速抓住觀眾的注意力，同時在結尾處加入「別錯過更多內

容」的強烈呼籲，從而提高觀眾的完整觀看率。

最重要的是，她的內容雖然多元，但主題間缺乏連貫性，讓觀眾難以確定頻道專注的領域。Maru 將內容聚焦於心靈成長與自我提升的主題，加強影片的垂直度。

經過這些調整後，Maru 的影片逐漸獲得更多互動，流量和粉絲數量也逐步上升，最終成功突破了瓶頸，讓他的帳號恢復了成長。

策略 檢視社群用戶行為、影片內容、頻道經營，提升帳號權重

為什麼我的影片都沒有流量？明明用心做內容，帳號卻都沒有被推薦出去？魔鬼藏在細節裡，有時候些微的小錯誤也可能導致流量停滯不前喔！

快來幫你的帳號健檢！

以下整理出經營短影音時最容易影響流量的三大面向：用戶行為、影片內容、頻道經營。大家不妨像小典一樣，以替頻道做健檢的角度，檢視你是否也不小心犯了以下錯誤，同時，也可以當作複習。

1. 用戶行為：按讚率、留言率、分享率

☑ 按讚率

當「按讚率」達到3-5%時，影片就能獲得較大的流量，反之若按讚率低，影片就較不容易被推薦。

☑ 留言率

同樣的，若「留言率」不高，也會較難獲得流量。

老獅說小提醒

可以善用小撇步：在影片中邀請大家留言，或者自己以其他帳號率先帶起討論，創造互動，提高留言率。

☑ 分享率

比起按讚和留言，「分享」的門檻更高，因此轉發量越高，演算法推薦的權重就越高。

與大家分享，我曾經做了一支「澳洲打工」的影片，獲得了3300多個分享、4450次的收藏，拿到47.7萬的流量，我也相當意外，原來不論主題為何，就算只是生活中的小事，只要是有價值的資訊就可能被轉發。

2. 影片內容：完播率、增粉率、垂直度

☑ 完播率

觀眾將影片完整看完的比例——「完播率」是重要卻常被忽略的指標，提高完播率，更容易獲得演算法推進，不過單靠完播率也不夠，也需要其他的用戶行為，才有機會推播影片。

☑ 增粉率

顧名思義，「增粉率」是新增粉絲數除以總讚數，大家要注意，流量高的影片不見得能增加粉絲！

☑ 垂直度

聚焦於特定領域、提供較多同類型的「垂直內容」，亦即「垂直度」高的帳號，反而因為賽道相對較小，競爭者少，更容易累積粉絲。而用戶可以預期追蹤了這位創作者會獲得哪些資訊，因此能夠吸引對此主題有興趣的粉絲，這便是內容「垂直度」的重要性。

若覺得流量一直沒有起色，可以檢查影片的完播率、增粉率是否理想，並優化內容，使主題更明確、提高垂直度，找到適合自己的定位。

3. 頻道經營：活躍度、健康度

☑ 活躍度

在 TikTok 與小紅書上，每天使用平台的時間即為帳號的「活躍度」，我建議大家沒事就登入，去進行按讚、留言、分享等互動，盡可能拉高活躍度。

☑ 健康度

另外，我們還需留意帳號的「健康度」，也就是說，不違規、不碰觸情色、暴力、政治、醫療、金融等敏感主題。

若活躍度和健康度不佳，不只流量難以成長，還可能不小心被平台判定為有問題的帳號，被降低流量甚至封鎖，千萬要多注意。

在前面章節，我們討論了演算法機制、影響流量關鍵與多平台經營，大家應該對短影音平台有了更深一層的認識。

掌握的三大原則，流量滾滾來！

這些觀念與邏輯，會在各位累積了實戰經驗後更為清晰。在本篇的最後，我幫大家統整實際經營短影音帳號的三大原則！各位在操作時也可以想想背後的原因，是依據了哪一項平台機制與哪一個指標因素。

1. **積極互動，頻繁更新**：在發布貼文或影片多多回覆留言，保持雙向互動；且一個月至少更新十二次，保持活躍度。

2 **減少廣告與連結**：適當降低廣告投放頻率，且儘量直接上傳影片至平台，而非貼影片連結。

3 **提供生活化且正向的內容**：別只顧著推薦商品或服務，也要多發布生活化的內容，同時避免散發負面情緒能量。

當然，更多實際操作的工具與技巧，將在下一章帶給大家！

4

短影音運營技術與工具

4-1 拍攝設備盲點：不是貴的就一定比較好

案例 高級器材才能拍出爆紅影片嗎？

每個創作者都想拍出爆款作品，然而製作爆款的條件有哪些？一定要使用高級設備才能做到嗎？

我在短影音創作路上走過不少彎路，因為我以前是學攝影的，抱著「越貴越好」的想法，花了不少錢購買頂級器材。但拍了幾次後，我發現自己需要花更多時間在設置設備和調整畫面，反而被拖慢了內容創作。

於是我放下高端設備，轉用簡單直觀的手機來進行拍攝。如今智慧型手機功能非常強大，錄影、錄音、剪輯、還是加特效，無所不能，加上手機小巧輕便，隨時隨地都能拍攝，對於內容量產非常有幫助。

我深刻體會到，設備並不是拍攝成功的唯一因素，選對工具、優化工作流程，才能真正達到事半功倍的效果。對於短影音創作者來說，選擇簡單好用的軟體和工具，才是長期運營的正確之道。

策略 選擇簡單好用的軟體，一次到位

以短影音來說，比起質感，更重要的是即時性與真實性，只要能產生情緒共鳴、內容價值到位，就算沒有華麗精緻的細節，也能有好的流量表現。

根據我的經驗，只要能清楚掌握自己的定位與優勢，簡單的設備也能拍出好影片，創造巨大流量！

手機能做到很多事

首先強調，現在的智慧型手機功能完整，從錄影、錄音、剪輯、配樂到特效都沒問題，做短影音初期，只要一支手機就能搞定了！

我認為，新手創作者要做到可以隨時隨地進行拍攝，才能達到經營初期所需要的量產，因此輕便易操作且低成本的設備，是各位的最佳選擇。

兼顧畫質與容量的妙招

現在的手機都能設定畫質高低，以 iPhone 為例，將相機錄影設定調至 1080p 或 4K，30FPS（每秒幀數），這樣即使在不使用專業設備的情況下，畫質仍然很不錯。

然而還需注意的是，高畫質的影片檔案非常大，會快速消耗手機

容量。我建議大家以 4K 模式錄製影片，剪輯成 1080p 的成品之後，便刪除原檔案，保留剪輯後的版本即可，這樣既方便又能有效利用資源。

新手「不需要」的設備：穩定器、麥克風

依據我的經驗，除非是移動的戶外拍攝或其他特殊需求，否則新手創作者不一定要購入穩定器與麥克風，手機的功能就相當足夠了。比起這兩個設備，我更建議大家找到乾淨明亮的拍攝環境，此條件對大量製作口播、談話性內容的帳號尤其重要。

當然，若是進行戶外拍攝，這些設備確實有其必要性，但在大多數情況下，選擇一個光線明亮的環境，或是購買一個平價的環形燈，就能提升影片的質感。

若在意臉部光線，則可以購買一組平價的環形燈！要記得，如果光線不足，手機會自動補光，反而容易使畫質變差。

老獅說小提醒

若有移動或戶外拍攝需求，則一定要使用麥克風，否則環境音過大，會無法收錄人聲。

善用工具完成剪輯與字幕

我嘗試過許多剪輯軟體，最推薦的非「剪映」莫屬！除了好上手易操作、為創作者節省時間和成本外，也能在裡面找到商用配樂，避免不小心使用了版權音樂，被平台偵測到後靜音或降低觸及。

新手也能快速上手的剪輯軟體

我會推薦剪映，有以下三個原因：

1. 介面直觀

相對其他剪輯應用程式，剪映的使用介面非常簡單，直觀而友善，讓剪輯變得更容易，需要花費的時間更少。

2. AI 功能多元

程式中內建許多 AI 功能，包括自動生成影片、模板套用以及最重要的自動上字幕等功能，幫助創作者節省時間與成本。

3. 素材豐富

剪映擁有大量素材庫，除了前面提到的商用配樂，還有梗圖、插畫與罐頭音效等，創作者不用花太多時間到處搜尋素材，就能將影片變得更豐富有趣。

4. 尺寸自由調整

影片尺寸符合各大短影音平台的要求，且不論是橫式或直式都能立刻調整。

5. 無浮水印

很多應用程式或軟體會在輸出影片時加上浮水印，剪映的免費版影片通常沒有浮水印，能使影片看起來更乾淨俐落而專業。

過去，我主要使用 Adobe Premiere，但其功能較繁雜，需要很多時間練習才能上手。而在接觸剪映後，它很快成為我最依賴的剪輯軟體。

剪映的功能齊全、操作簡單，學習成本相對更低，不論是新手或資深的創作者都適合。在熟悉使用方式後，我也推薦大家付費購買 VIP 版本，探索更多進階功能，創造令人驚豔的短影音。

老獅說小提醒

由於剪映是中國大陸的應用程式，可能會因網域問題無法下載。建議下載時切換網路地區。

最後提醒，一定要到剪映的官方網站搜尋軟體，別任意下載來路不明的版本，以保護自己的設備和個人資料。

為各位總結，經營短影音初期不用購入大量高級設備，只要手機、簡單的剪輯軟體與燈光就行了。重點在於決定帳號方向、嘗試確認可行後，再進行優化與量產，才不會白白浪費了預算和時間。

4-2 拍攝形式大比拼：四種形式，四種資源運用與成本

案例 怎麼找到適合自己的拍攝風格？

我常被學生問：「什麼樣的拍攝風格才是最好的？」每個創作者的資源、風格、目標都不同，我認為選擇適合自己的拍攝方式才能產出最好的影片，並節省時間和成本。

剛開始時，我的頻道主要分享短影音和自媒體的技巧，因此我選擇了「口播形式」。這種方式讓我可以直接對著鏡頭講解，傳遞我的知識與經驗。它非常高效且低成本，只要準備好講稿，就能迅速產出內容，這對頻繁更新的創作者來說非常合適。

然而，並不是每個人都適合口播。我的一位朋友想要透過短影音分享生活，一開始僅是一人團隊，由他自己以第一人稱視角進行拍攝，影片的流量並不出色。

後來我建議他改以「跟拍形式」來錄製 Vlog，請其他人幫忙掌鏡，不但畫面變得更豐富，還能展現更多活動與體驗的細節，讓內容更生活化，並增加觀眾的參與感。雖然比起之前多了攝影人力和場景布置成本，但隨著內容品質提升，流量也

漸漸增加。

從以上案例可以發現，拍攝方式應根據頻道定位、資源和目標來調整，逐步隨著頻道發展再進行優化，找到最適合自己的風格。

策略 依頻道規模、資源、領域、目的等條件調整

短影音有各式各樣的表達方式，不論是案例中的 Vlog、或者知識分享、產品開箱、唱歌跳舞，都可以搭配不一樣的拍攝形式。

那麼，哪種拍攝形式最吸睛、最快速或最省錢？要怎麼找到最適合自己的風格呢？每個人適合的形式就不太一樣，比如知名講師謝文憲，因為他的現場演說能力非常好，他就非常適合拿著麥克風側錄，讓觀眾直接感受他的舞台魅力和演講的渲染力。另外，我的知名學生——網紅拐拐、崔咪就會很適合對著鏡頭做口播，因為兩位外在形象都很好，容易吸引大家停留往下看。

本節中，我會整理四種常見的短影音拍攝方式，並介紹每一種方式所需的條件與花費成本，供大家參考。

口播、跟拍、側錄、開箱，你選哪一種？

1. 口播形式

創作者直接對著鏡頭說話，藉由事前準備的講稿或即興發揮來呈

現內容，適合知識分享、課程教學的主題。

口播是最容易複製與量產的拍攝形式，產出快、成本低，只要寫好了稿就能拍攝。不過，這樣的形式要獲得流量，除了依賴精準選題，也相當講求表現魅力，包含創作者的外型、口條、運用走動及手勢為畫面增加移動感等。

我會建議選擇口播形式的大家，在拍攝前先寫好大綱，以避免離題與發散，剪輯時也多注意節奏，盡量避免過度冗長，只留下重點。

2. 跟拍形式／藏鏡人形式

以第三人稱視角拍攝的形式，適合 Vlog、生活紀錄、人群活動等內容。

跟拍形式的影片較生活化也接地氣，因為場景會相對有趣，容易引起觀眾的好奇心與期待感，同樣主題的話，流量非常有機會比單一口播來的好；但比起獨自拍攝，這種形式會增加更多攝影的人力、場景與設備，成本相對高。

要特別注意的是，若正處於要頻繁更新內容的階段，如打造個人 IP 初期，創作者應該考量成本與效益的比例，衡量是否能夠負擔起大量產出的時間與成本，再決定要不要選擇跟拍形式。

3. 側錄形式

創作者側面朝向鏡頭，對著鏡頭外某處說話，是一種可以打造類似第三人稱的視角，有點像是常見錄製 Podcast 的狀態，不過若自行拍攝，建議選擇一人操作即可執行的拍攝形式。這種手法能為影片創造更多變化，又不需花費太多成本。

4. 開箱形式

顧名思義，創作者不在鏡頭前露臉，時常出現在介紹或評測的開箱影片中，影片內容以產品本身為主，拍攝產品細節，並進行試用、操作、測試，創作者的樣貌與打扮則不是重點。

以上四種常見的拍攝形式各不相同，總結來說，口播形式成本低、產出快，但較依賴創作者魅力；跟拍形式流量佳但成本相對高；側錄形式能在有限資源下為影片增加變化；不露臉的形式則適合開箱影片。

製作短影音時，我們應該像開頭故事中的朋友一樣，依照自己的內容領域、目的、資源來選擇拍攝形式，也可隨著頻道規模、粉絲數量、資金基礎的成長，更新拍攝手法，持續進步並帶給觀眾更多不一樣的體驗。

4-3 五大實用剪輯技巧：短影音創作不再是難事

案例 沒學過剪輯，如何快速上手剪輯軟體？

我的朋友心凌雖然有一點拍攝基礎，但完全沒學過剪輯，剛開始經營短影音時，曾經擔心要花不少錢購買剪輯軟體和相關課程，甚至考慮直接將剪輯流程外包。

不過，在我介紹了「剪映」這款剪輯軟體給她，成功幫助她無痛進入剪輯的世界！練習一陣子之後，她已經理解這款軟體的大部分功能，並且興致勃勃地摸索研究其他更進階的應用。

心凌學會使用剪輯軟體後，除了節省外包後製工作的成本，還能按照自身帳號的風格、主題、定位來調整影片畫面與節奏，加入她想要的濾鏡、特效及配樂，打造更具識別度的品牌內容。

策略 學會提詞、剪輯、字幕、配樂、調速，降低時間成本

對於像心凌這樣的新手來說，選擇合適的剪輯工具並學會其中的基本功能，不但能有效提升創作效率，更有助快速在短影音世界中脫穎而出。

在經營短影音初期，我會建議大家有穩定的輸出，來觀察市場反應，並隨時做調整。剪輯軟體能夠有效幫助創作者降低成本、節省時間，是新手們不可或缺的武器！

五大基本功能一次學會！

接下來，我以「剪映」為例，按照實際使用的順序，為大家介紹剪輯軟體的五大基本功能，當然，其他剪輯軟體上也能找到相對應的選擇。

1. 提詞器

顧名思義具有讀稿機功能，只要輸入口播文稿，畫面上便會出現字幕，讓創作者能邊讀邊錄影；大家還能自行調整提詞器的滾動速度、曝光度、文字大小和顏色。

此功能對口播或分享類型的帳號格外重要，幫助創作者不發散離題，精準呈現內容。

2. 圖文成片與剪輯

軟體的剪輯動作相當直觀，只要在時間軸上按下「分割」，然後將不需要的部分「刪除」即可。若想加入素材，則可使用「畫中畫」功能，輸入想要的關鍵字，軟體便會出現相關內容供選擇。

除了自己錄製影片，剪輯軟體的「圖文成片」功能還能自動生成內容！只要投入文字與圖片等素材，軟體就會自動做出一支全新的影片。

再次提醒各位，錄製和剪輯時別忘了考量影片節奏感，花心思安排語調、用字、留白、提問，讓觀眾想要一秒接一秒地看到最後！

3. 自動字幕與字體

別再自己手打字幕了！按下「識別字幕」功能，讓軟體自動生成字幕，創作者僅需校正錯字即可。除了將字幕由簡體轉為繁體，還可以挑選適合這支影片或帳號風格的字體，並使用字幕的「背景」功能調整邊框，來提升整體美感。

老獅說小提醒

有些字會因為沒被偵測到而無法顯示，可以先在 word 或任何可以打文字的地方輸入該字，將其轉換為簡體，再貼回剪輯軟體中，就能偵測到了。

4. 加入配樂

剪輯軟體中有許多配樂，我會建議大家選擇「商用音樂」，以免影片因版權問題被靜音或降低觸及。

加入配樂後需微調音量，避免蓋過原本的人聲，整體音量則建議控制在 10 以下；大家也可以自由設計漸入、淡出等效果，讓影片更有吸引力。當然，最後要記得把超過影片長度的多餘配樂剪掉喔！

5. 速度調整

經過多次耳提面命，想必大家已經明白完播率的重要性，過長的內容易造成觀眾失去耐心，暫停或跳出影片，因此語速較慢的創作者，可以在剪輯完畢後，以「常規變數」功能加快影片，讓節奏和篇幅更符合受眾的觀影習慣。

最後，依照需求以「美顏美體」功能來美化影片，並設置封面縮圖，就能按下右上角的「導出保存」，輸出影片啦！

為大家總結，只要使用剪輯軟體中的提詞器、圖文成片與剪輯、自動字幕、配樂與速度等簡單功能，素人也能輕鬆製作短影音。

釐清定位、大膽創作、優化改良，就是短影音的經營之道！

掌握基礎功能後，各位也可以針對自身需求或有興趣的面向延伸探索與練習。剪輯軟體就像一座寶山，藏有五花八門的素材與功能，只要肯花時間挖掘一定會有收穫。

4-4 高效量產影片：AI 當助手讓創作更輕鬆

案例 如何短時間內快速量產高品質影片？

經營短影音初期，必須頻繁更新、大量產出內容，讓平台用戶與演算法認識自己。如何快速且高效地量產影片，是每個創作者都會面臨到的問題。我曾經也在這個過程中卡住過。那時候，我每天都覺得時間不夠用，尤其在腳本創作這一塊，既需要速度又需要高品質，真的很容易陷入瓶頸。

直到「救世主」——AI 工具誕生，我才發現它不僅大大減少我的創作時間，同時還提高了影片的品質。我當機立斷，選擇「ChatGPT」，並交給它一個明確的任務，像是「請幫我撰寫關於如何以通過短影音賺錢的五大核心關鍵」。接著，我會提供 AI 一個角色定位以及我喜歡的文案風格，像是「你是一位擁有多年經驗的文案專家」，它生成的內容能符合我的需求與風格。

有了 AI 的幫忙，我成功突破了短影音創作的瓶頸，快速高效地量產了腳本和影片。

這段經驗讓我切身體會到 AI 工具對於我在短影音創作中的幫助，對於新手創作者來說，這無疑是提升效率和創作品質量的最佳幫手。

策略 設定指令、提供參考風格，最後回饋優化

就像前面我的親身故事，AI 是你的好朋友！隨著技術發展，AI 能做的事越來越多，不但大幅降低時間成本，也節省了創作者聘請助手的人事費用，這對於剛起步的新手來說，是很大的幫助。

那麼，實際上該如何操作呢？別擔心，我將會仔細為大家介紹。

要大量產出腳本，我們首先需找到與自己專業相關的主題，並觀察分析對標帳號、關注新聞時事，找到近期的熱點與趨勢，才能結合熱點引起共鳴。

另外，知識網站或相關領域社群會有豐富的延伸資料，其中時常藏有大家沒注意過的切入觀點，都能成為腳本的參考與依據。完成以上準備，接著就可以邀請創作好夥伴——AI 出場！

接下來，我以目前最知名且普及的 AI 工具——ChatGPT 為主軸，介紹生成短影音腳本的步驟。

1. 設定任務

首先，我們要給 AI 一個明確的任務，例如「請撰寫關於短影音如何變現的五大核心關鍵」、「這是用來錄製短影音的內容」，指令越明確，AI 提供的回答就越符合需求。

2. 給予定位

告訴 ChatGPT 其角色定位，例如「你是一位擁有 20 年經驗的文案專家」，使它生成更符合立場與風格的內容。

3. 參考風格

收集自己喜歡的文案風格，提供 ChatGPT 做為參考，並請它根據這些資料生成內容。

4. 提供回饋

收到 ChatGPT 提供的內容後，我會給予回饋，例如，「請再多給我三個論述，並且需為原創」，讓 AI 有調整的方向。

5. 格式要求

最後，我會要求 ChatGPT 以腳本的格式呈現內容，以便能夠直接錄製短影音。同樣的，大家也可以按照需求，對 AI 提出生成標題、文案、增加腳本數量等指令。

老獅說小提醒

ChatGPT 有 3.5 與 4.0 兩種版本，若預算允許，我推薦大家升級至功能更強大的 4.0 版本。

AI 有一項優勢，那就是問它同一個開放式問題，每次得到的答案可能都不一樣，不但能避免內容重複，還能從新穎的角度激發創作者靈感。

除了 ChatGPT，微軟等公司也有類似的 AI 工具，大家不妨自行嘗試摸索，找到最適合自己的資源。不過也提醒各位，獲得 AI 生成的內容後，別忘了進行校對與事實查核，正確性亦是品質的關鍵要素之一。

總結來說，在確定主題、分析對標帳號並找到熱點後，透過設定任務、給予定位和參考風格，讓 AI 生成內容，再根據得到的結果進行回饋優化與格式調整。

善用 AI 工具，可以顯著降低創作的時間成本，大幅提高工作效率；在與 AI 互動的過程中，還可能激發嶄新的靈感，建議務必試試。

4-5 封面包裝設計決勝點：接地氣

案例 有必要設計封面嗎？如何設計封面？

剛開始經營我的短影音帳號時，我並沒有特別注意該如何設計封面，總覺得封面只是個小細節，畢竟平台演算法主導了流量分發，用戶滑動畫面時根本不會特別注意封面。

但在一次分析頻道表現時，我注意到一則熱門新聞的分析影片，內容相當有深度，也花了不少心思拍攝和剪輯。可是，其封面設計卻非常普通，甚至有些雜亂，標題也寫得不夠明確，讓觀眾難以一眼看出重點，再去查看這支影片的流量數據，果然不是太好，我不禁思考，或許封面設計的確會影響影片的表現。

因此，我開始在封面設計上下更多工夫。首先，我不再使用沉悶的文字，而是放上影片的第一句話或引人注目的問題，並選擇了較為鮮豔且具對比感的顏色，一些富有故事性的圖片，讓封面不僅能傳達影片內容，還能展現趣味性。

當我這樣做之後，我發現影片的點擊率明顯提高了。原來封面不僅是影片的「門面」，也是吸引觀眾點擊了解內容的關鍵，吸引有精彩的封面抓住目光，才能進一步提升流量和曝光度。

策略 五個設計誤區不要踩

封面設計的改變對我來說是一個重要的突破，這也讓我更加重視影片包裝的每一個細節，畢竟每個小細節都可能影響觀眾的第一印象，進而決定影片的成功與否。

在進一步討論封面設計之前，我得再次重申：短影音的本質在於「娛樂」。短影音平台的用戶多為年輕人，不愛被說教，就算經營知識分享的帳號，也要記得稍微轉彎，融入趣味或娛樂的元素，讓觀眾能看得下去，這便是本書前面提到的「降維打擊」觀念。

封面設計亦是如此，以我自己的「老獅說」帳號為例，儘管主要提供短影音教學與新聞時事內容，但我並不會穿西裝打領帶，塑造高高在上的專家形象，反而會把影片的第一句話放在封面，直接粗暴，讓人產生興趣或好奇心，點擊觀看。

當然，封面的字型設計與顏色搭配等細節仍需注重質感，但在保持質感的前提下，我選擇比較接地氣、直接地呈現方式。

大家可以根據自身主題內容，選擇可愛、豪邁或高級感等不同風格，打造帳號的一致性與識別度。

短影音封面設計五大誤區

在這裡，我為大家整理了五個設計封面時常遇到的誤區！大家記得別踩入這些坑，否則花時間心血製作的封面，不但沒帶來流量還降低了觸及，就太得不償失了。

1. 標題不知所云

若要在封面放上文字，記得使用一目瞭然的標題、足夠清晰的字級，避免不知所云的句子、資訊量太多或雜亂，以免觀眾看不出影片主軸。

2. 圖片無趣

有趣且吸睛的圖片是關鍵！平凡無奇的視覺很容易在眾多短影音中被忽略，舉例來說，我會截圖相關新聞的畫面，或精彩有梗的圖片，引起用戶的好奇心。

3. 顏色單調

建議選擇鮮豔明亮的色調製作封面，更能引起注意。不過仍應該與帳號的整體風格相符，且避免使用過度刺眼的顏色。

4. 過於擁擠

密密麻麻的文字或符號、太多標題與段落，會使用戶難以閱讀和理解。簡單搶眼的主標搭配一張有故事的圖片，就是最好的排版！

5. 尺寸錯誤

封面一定要符合平台要求，多數短影音的尺寸皆是 9：16，長影片則是 16：9，依照規格設計封面，並把要傳遞的重點資訊放在畫面中間。

標題、圖片、顏色、排版與尺寸，是設計封面時的五大元素，各位創作者應該秉持著短影音「娛樂」的本質，製作淺顯、直接且搶眼的封面，為內容爭取更多曝光度。

有些人或許會感到疑惑，短影音平台是透過演算法來推播影片，使用者只要滑動畫面就會進入下一支影片，除非點進該帳號的個人首頁，否則用戶通常「不會」看到短影音的縮圖封面，不是嗎？

沒錯，有鑑於此，封面對短影音的流量影響並不是最大的。但封面設計仍是帳號打造風格與質感的一環，若有餘力，我仍會建議大家檢視本篇整理出的誤區，優化自己的影片封面。

4-6 不露臉也爆款：做出差異化和記憶點

案例 拍影片一定要露臉嗎？如果不露臉，怎麼拍比較好？

我的學生仟仟，一直對曝光自己的長相感到不自在，擔心會被人認出來，很猶豫是否要在鏡頭前露臉。她覺得自己影片沒有什麼特別之處，也未能被觀眾記住，這問題最近持續困擾著她，於是我說：「經營短影音帳號，一定要露臉才能被觀眾記住嗎？」

仟仟似乎被我的話點醒，她開始思考其他增加個人特色的方法，後來她決使用道具來增加影片的辨識度。她的其中一支教學影片，內容是介紹如何快速製作健康便當，影片中展現不少巧思，包含挑選色彩鮮艷的盤子和好看簡單的食材包裝，營造出既有趣又專業的氛圍感覺。

巧妙的是，仟仟在每支影片的開頭都用獨特的背景音樂和輕快的語氣開場，吸引觀眾注意力，感覺親切又自然。隨著內容風格逐漸明確，她的觀眾群開始穩定增長，還有不少人留言說她的小道具和清晰俐落的手部動作讓影片更加生動。

仟仟的經驗告訴我們，即使不露臉，也能夠創造出強烈的個人特色，只要善用手部、道具和聲音等元素，同樣能製作出吸引人的短影音內容。

策略 善用手部、聲音、道具、環境與後製，打造有趣內容

大家還記得先前提過的短影音的四種拍攝形式嗎？面向鏡頭說話的「口播」、不正對鏡頭的「側錄」、由其他人協助掌鏡的「跟拍」，以及「不露臉」拍攝。

教學的這些年，身邊不少創作者問我：「拍短影音，我一定要露臉嗎？」其實，同為創作者，我很理解並不是每個人都願意且適合露臉，有些人在意隱私、有些人對曝光長相，感到害羞與不自在。

做出差異化和記憶點，自信自在才是重點

關於這一題，我們可以從以下幾個角度來思考。

1. 品牌識別度

想要經營個人 IP 或建立品牌識別度，創造記憶點和差異化是非常重要的。當然，大部分用戶首先會記得的是創作者的臉，不過若擁有其他具辨識度的條件，例如聲音、咬字或說話習慣，也可能成為獨

一無二的特色。

我認為關鍵不在於是否露臉，而是找出自身記憶點，在競爭對手之間做出差異化。

2. 合作機會

在商案合作方面，廠商行銷產品或服務時，經常偏好找擁有粉絲基礎的意見領袖幫忙推薦，因為粉絲信任自己追隨已久的意見領袖，因此成交率會比較高。

這正是我儘管身為公司創辦人，依然跳出來建立個人 IP 的原因。在變現與成交率上，以個人面對消費者，成效會比以公司面對消費者還快，因此我寧願把公司的角色淡化，以網紅的形式和大眾接觸。短影音傳播快速，這樣的市場考量不只在台灣，還可能延伸觸及至其他國家與地區。

在決定是否露臉時，大家也要考量自己能帶給受眾的信任度，以免錯失未來的商業合作機會。

3. 帳號定位

最後也是最重要的，我認為是否露臉這一題，仍要回歸帳號的自我定位。

若生性害羞、不喜歡被目光注視，那麼選擇不在鏡頭前露出五官，而是找其他方式做出差異化，建立自身識別度，也並無不妥。

大家要記住，重點是做短影音的時候，創作者能感到自在與自信，唯有在舒服的狀態下，才有辦法產出最好的作品內容。

那麼，如果真的決定不露臉，創作者能以何種方式進行拍攝？如何發揮特色、提升影片的豐富度？

不公開長相的創作者，個人 IP 的辨識度確實沒有露臉的帳號高，但我們還是能像仟仟一樣，從其他角度切入，運用拍攝與後製的小巧思，創造「不露臉」的爆款內容。

換個角度變把戲：手、聲音、道具、環境與後製

若在進行各種分析與考量之後，決定不在短影音中露臉，那麼以下五件事，大家必須充分把握。

1. 手部

不露臉的影片，畫面通常會聚焦在手部動作，包含手勢、拿取物品或操作工具。可以多設計搶眼的動作，抓住觀眾的注意力，或者以美甲或飾品等增加美感與話題，如仟仟影片將畫面重心放在清晰俐落的手部動作上，成功引起觀眾留言。

2. 聲音

想辦法用聲音在前 3 秒吸引大家的目光！也可以配合製作的內容和主題，透過聲音建立開朗、溫柔、犀利、專業等有記憶點的人設，像仟仟的獨特背景音樂和輕快的語氣開場就是很典型的方法。

3. 道具

若不想露出完整五官，卻又想要整個人出現在畫面中，則可以考慮墨鏡、帽子、口罩、造型髮箍等道具，不僅維持了匿名性，還可能因為特殊的道具產生識別度，被用戶記住，比如仟仟則從色彩鮮艷的盤子外觀下手，就是簡單有效吸引辨識度的方法之一。

4. 物品與環境

物品、背景、風景、環境都是能拿來說故事的素材，善用這些元素，搭配聲音解說與互動，為影片增加趣味性，讓觀眾願意看到最後。

5. 動畫與插畫

前面提過，剪輯軟體中的 AI 工具可以生成動畫與插畫，例如街道、自然景色甚至虛擬人物；另外，從轉場、字幕、配樂到片頭與片尾，都是能夠發揮的部分，不過也需注意，這些後製的成本會比較高。

不露臉的拍攝方式不見得是缺點與劣勢，若能掌握自身定位，強調帳號特色，在手部、聲音、道具、物品環境以及動畫與插畫上變花樣，創造記憶點與差異化，同樣可以拍出爆款短影音。

最後，再次提醒大家，不管是否該露臉，各位都要時時刻刻確定帳號的定位，唯有清楚自己是誰、想要製作什麼樣的短影音，才能有長期的經營與累積。

5

從曝光到收益的轉化路徑

5-1 變現策略：四個提問，分析產品與商業模式

案例 如何將我的產品服務變現？

Sashimi 經營了一個專門製作手工飾品的短影音帳號，目標是想透過短影音平台提高品牌曝光，並最終將其手工飾品產品進行變現。

初期他並沒有急迫的經濟壓力，所以更注重於建立品牌影響力、培養忠實粉絲。他時常分享飾品設計相關的小知識、創作故事和搭配技巧，成功引起觀眾的興趣和共鳴。

拍攝方面，Sashimi 以側錄和與近距離特寫來展示每個飾品的製作過程，讓觀眾更直觀地感受到每一個細節和工藝，並加入一些語音解說來提升觀看體驗。

與其他手工飾品帳號的差異是，他會在影片中分享自己對每個作品的情感連結，甚至會講述每個設計靈感的來源，使這些飾品不僅是商品，更像是有故事的藝術品。

經營一陣子之後，Sashimi 累積了大量的粉絲和曝光後，開始在線上商店銷售產品。隨著品牌形象的建立，他也慢慢接

收到其他品牌的聯名設計或宣傳邀約合作，實現了商業變現目標。

策略 釐清目的、產品服務、拍攝形式、差異化特色

在明白短影音本質與平台演算法邏輯，並理解內容定位的重要性、爆款影片的特性以及實際的拍攝剪輯技巧之後，最後一步就是經營短影音的終極目標：精準且高效地變現。

進入第五章，我們要帶大家認識短影音的變現方式。

知彼知己，百戰百勝，案例中的 Sashimi，正是因為對自己的目標、特色、風格皆有清楚的理解，並依此擬定策略，才能打出漂亮地一戰。因此，在思考如何變現前，大家不妨要透過四個問題，來分析自己的產品與商業模式。愈清楚自己的商業目的，離目標就會近一點。

1. 做短影音的目的為何？

第一題，也是最重要的，先問自己：為什麼要做短影音？是為了變現賺錢、建立品牌，還是累積影響力？

是否具有變現的急迫性，會影響創作者經營帳號願意花費的時間，而是否想建立品牌 IP、想打造什麼樣的影響力，也會決定該經營哪一種流量。

因此，製作短影音「目的」與後續各種策略皆息息相關。創作者應該先釐清目的，以終為始，確定了目的地才能知道該怎麼走。

2. 服務與產品是什麼？

拿到流量後，要以什麼樣的服務和產品來接觸用戶？實用的乾貨知識？最新趨勢的新聞議題？或者放鬆身心的療癒感、令人捧腹大笑的情緒價值？

我要提醒大家，若產品與服務完全沒有深度，是接不住流量的！同時也別忘了，短影音的本質仍是「娛樂」，過於制式與說教，會讓用戶失去觀看興趣。在深度與廣度中取得平衡，是每位創作者的功課。

3. 選擇哪一種拍攝形式？

要選擇口播、側錄、跟拍，還是不露臉的拍攝形式呢？拍攝形式會直接影響經營短影音的成本和時間，創作者要找到最符合自身主題和風格的拍攝方法，並達到可量產的損益平衡，才能創造健康的商業模式。Sashimi 選擇最適合呈現手工製作細節的側錄，效果就很好。

4. 與其他帳號的差異化在哪？

你的內容和現在市場中的其他競爭者，有何不同？用戶為什麼要選擇你？

具備相關專業知識、廣闊的人脈、擁有知名度高的顧客，這些都是所謂的差異化，做出獨一無二的差異化，才能讓粉絲買單。就像 Sashimi 也是透過分享飾品的設計故事與情感意義，讓觀眾們產生共鳴。

想要讓短影音變現，我們必須從頭審視帳號，包含做影片的目的、能提供的產品與服務、適合的拍攝形式、與競爭者的差異之處，得到以上四個問題的答案，理解自身優劣勢與特色，才能找出可行且有效率的商業模式。

5-2 商業目標：成交、成交、成交

案例 拍短影音的終極目標是什麼？

Jessie 是一位營養師。一開始，她經營短影音的目標是累積粉絲和提高健康飲食的知名度。然而，隨著觀眾群擴大，她逐漸意識到，如果沒有明確的產品或服務，僅靠曝光很難讓將粉絲成為付費顧客。

因此，除了持續分享健康飲食的知識外，Jessie 還開始推廣自己設計的健康菜餐單，同時以「側錄」分享個性化菜單的烹調過程，突顯差異化。有了這項產品，觀眾果然順利在她的專業知識中找到價值，進而轉化為客戶。

最終，Jessie 陸續接到健康菜單設計的合作，與健康飲食知識的演講邀約，成功將短影音平台轉化為穩定的收入來源。

策略 掌握產品、服務與流量，實現高效交易

從 Jessie 案例，不知大家有沒有看出她實現目標的步驟呢？首

先，她很快明白到，只有粉絲流量，很難提高營收，唯有明確的產品或服務才有實現高效的交易、合作的機會；接著，她從只分享健康飲食知識，到提供明確的產品服務——健康餐單。最後成功將粉絲流量轉化為合作收入。

各位要記住，短影音和隨手記錄的限時動態不同，若沒有明確的產品與服務、沒有最終的經營目的，便很難拿到流量甚至變現，這也是 Jessie 在故事中告訴大家的事。

我看過身旁不少很努力拍片、剪片、上片、但最後影片默默被淹沒在平台的創作者，每次看到他們帶著沮喪的臉容來找我時，我都忍不住問他們：「你拍片的終極目標是什麼？」有些人會滔滔不絕地和我說他們的變現計畫，但也有不少人就當場愣住，好像找到了問題核心。

因此，老獅要來告訴大家，短影音的終極目標，一定是「成交」。

即使是沒有直接提供產品或服務的網紅與藝人明星，也會為了廣告、業配等商業合作，認真累積自己的曝光和知名度。

不過，並不是只有賣出商品才叫做成交，找到合作客戶、成功創辦公司，甚至找到資源或投資人，都算是「成交」。

變現三大重點

在這裡，我為大家整理了短影音變現必須注意的三件事：

1. 不急需變現：自由度高

我的短影音帳號「老獅說」，除了提供短影音教學，也會製作新聞時事相關內容。這是因為它沒有變現的急迫性，可以更彈性地決定主題，而我選擇了自己有興趣的時事議題，屬於泛流量。

然而此帳號的變現效率本就不高，流量不好累積，就算出現爆款，下一支影片仍需重新開始。

不急需變現的創作者自由度較高，但若有變現需求，我仍建議大家選好明確的產品與服務，以免花費額外的時間與成本。

2. 便宜商品容易成交

對於昂貴的產品與服務，消費者在下單前會花更多時間猶豫，需要較高的溝通與說服成本。舉例來說，高於 10 萬元的產品，要在線上直接成交就會比較困難。

便宜商品的容錯率高，就算不合用、不喜歡也不至於太心疼，消費者會更願意嘗試，溝通成本相對低。因此在短影音這個媒介中，便宜的商品較有機會成交，案例中 Jessica 提供的健康菜單設計服務，就可以視為較平價的選項。

3. 活用 80 ／ 20 法則，高價產品也能成交

便宜商品較適合短影音平台，但我就是想提供高價服務與產品，

怎麼辦呢？

別怕，活用 80/20 法則，一樣能夠完成交易！

先為各位複習，泛流量是一般人皆能聽懂與產生共鳴的內容，廣度大、深度小，精準流量則是針對特定族群，深度大、廣度小。

那麼我們該經營哪一種流量，才能讓帳號有效變現呢？

如同前面提過的，採取 80 ／ 20 法則吧！

若提供高價產品或服務，則應該經營 80％的精準流量與 20％的泛流量；若提供低價產品或服務，則經營 80％泛流量與 20％精準流量。

總結來說，請各位「以終為始」佈局，先確定自身定位、目標、變現的急迫性，並釐清自己提供的產品服務，決定經營哪一種流量與目標受眾。

如此一來，才能把握流量、培養 IP，並達到短影音的終極目標：完成交易！

5-3 四大變現模式：業配、版位、直播、帶貨

案例 我適合哪一種商業模式？

在短影音的變現過程中，選擇合適的商業模式至關重要，在介紹不同商業模式之前，我們先來看看 Grace 的故事。

Grace 是一位健身教練，經營短影音一陣子後，開始研究如何邁向下一步——變現。最初她考慮「業配」，但由於與品牌理念不符，全領域流量也不夠大，並不適合。

她接著嘗試運用「版位」變現，展示健身相關產品並收取發文費，但效果有限。後來，Grace 發現自己在直播中的表現十分出色，與觀眾互動性強，許多人會透過「直播」進行打賞，成為帳號的穩定的收入。

最終，Grace 選擇了「帶貨」模式，善用自身的直播風格，推廣健身課程和健康飲食計劃，並提供限時優惠吸引觀看，同時與觀眾互動來促進銷售。這個商業模式取得了顯著的成果，既符合她的專業優勢，又能滿足和粉絲需求，為帳號帶來了最大的效益。

策略 自身能力結合受眾選擇，實現最大效益

Grace 嘗試過的商業變現模式，同時也是目前短影音最常見的四大模式——業配、版位、直播和帶貨。

它們各有不同的適用場景，創作者應該根據自身專業能力、受眾特性和互動風格來選擇最合適的模式。選對商業模式後，結合創作者的內容定位和粉絲需求，能夠達到最佳的變現效果。我個人就是業配、帶貨（課程和團購）為主，少數的直播，都是透過流量慢慢衍生的。

曝光、介紹、表演、互動，你擅長哪一種？

這時一定有人會問，那我該選擇哪一種變現方式？平台上存在著五花八門的廣告與商業合作類型，哪一種最適合我們呢？

每一種變現模式所需的能力與資源略有差別，適合的受眾也皆不相同，這一節，我們要帶大家認識短影音常見的四種商業變現模式。

1. 業配

大家最熟悉的變現模式，即廠商請網紅們透過介紹、分享或試用等方式來行銷產品或服務，並支付廣告費用。

2. 版位

即網紅在自己的頁面為產品或服務曝光的一種合作方式，常見的變現模式包含：

【發文費用】

刊登相關短影音或貼文，並拿到一筆費用。

【廣告組】

由網紅為該則貼文或短影音投放廣告，並按照轉單金額獲得分潤。

【天數費用】

根據貼文或短影音的展示天數來計算廣告費用。

3. 直播

大部分短影音平台都有直播打賞功能，直播主可以直接獲得打賞的分潤，適合表演能力與口才佳、擅長和觀眾互動的創作者，有些人甚至能夠透過此模式月入百萬以上。故事中的 Grace 便因為直播能力出色，為帳號創造了打賞收入，像是我的學生直播教練大衛就成功打造過非常多的素人。

4. 帶貨

由網紅直接銷售產品或服務，並從銷售額之中獲得分潤，又分為直播帶貨和短影音帶貨。

【直播帶貨】

案例中的Grace以自身經驗讓我們知道，除了充分運用直播的特性，即時與觀眾互動，並清楚地展示或使用產品，還可以藉由倒數、限時優惠等手法創造緊迫感，並透過留言、按讚、送禮物等功能增加社交共鳴，進而提升成交率。

此外，用短影音為直播做預告、剪輯精華片段或補充產品延伸內容，也是能有效引流、增加粉絲並降低廣告成本的方式。

【短影音帶貨】

短影音製作成本低、傳播度高，只要掌握幾個關鍵，絕對是快速且直接的銷售手段。

首先，直接明瞭地說明產品優勢及特色，搭配剪接的節奏感與搶眼的後製效果，在開頭30秒內讓觀眾理解；並多做示範，增加產品可信度的同時也創造共鳴。

最後，清楚告訴觀眾如何購買，利用限時優惠和鼓勵觀眾留言、截圖、領取折扣等互動，提高參與感，引導用戶消費。

總結來說，業配、版位、直播與帶貨是短影音圈常見的變現管道，大家可以透過前面章節學會的分析方式，釐清自身帳號性質、受眾輪廓、經營目標與所有資源，決定適合自己的商業模式。

5-4 高效銷售：從免費到高端，循序完成交易

案例 如何逐步實現高效變現？

這一節，我想以自己經營的「老獅說」帳號做為開頭，帶著大家一起看看如何透過制定銷售策略，逐步實現高效變現。

老獅說專注於自媒體教學、商業顧問以及各類課程內容，所以我在設計商業模式時，先以免費分享自媒體經營的技巧和成功案例內容吸引大量關注，順利找到不少特別是一些對創業和短影音感興趣的潛在客戶。

當潛在客戶對內容產生興趣後，我再提供價格較低的「進階產品」，如一些搭配折扣的線上課程，來吸引觀眾做出購買決策，或者提供限時優惠的顧問服務，吸引觀眾做出購買決策。

直到培養出觀眾學員們的忠誠度後，才依序推出中等價格的「核心產品」，如線下實體課程，以及最昂貴的「高價產品」，如高端培訓服務等。這樣循序漸進的銷售設計，能逐步加深顧客與品牌的關係，最終讓帳號成功變現，且帶來穩定持續的收入。

策略 應用銷售漏斗六階段，提升轉化率

這個故事背後的概念，就是本節要來介紹「銷售漏斗」。它是一種行銷領域常見的系統化策略，能幫助我們實現高效變現。

銷售漏斗的邏輯是如同漏斗般循序漸進、一步一步地引導潛在客戶，建立關係、深化互動，最終轉化為實際的購買者，完成交易。

因此，銷售漏斗分成四個層次：引流層、體驗層、利潤層、高價層，面對的客戶從陌生到忠誠，提供的產品與服務也從免費到高價。

以本人提供教學課程的帳號為例，先以「免費內容」吸引潛在客戶，引起興趣後再提供「進階產品」——價格較低的線上課程。

接著，推出「核心產品」——中等價格的線下課程，培養客戶的忠誠度，最後提供「高價產品」——最昂貴的實體課程與高端培訓服務。

一起從免費到高端，循序漸進完成交易

那麼，實際上要如何建立自己的銷售漏斗呢？

我為各位整理了以下六個階段，大家可以按照進展，推出符合該階段的內容與行銷活動！

1. 意識階段

利用短影音與社群媒體內容吸引目標受眾，以促銷活動提升品牌

曝光與知名度，比如免費分享自媒體經營的技巧和成功案例內容。

2. 興趣階段

透過電子郵件和社群媒體與潛在客戶進行更多互動，展示產品與服務的特色和優勢，引起客戶興趣，像我會提供免費的線上工作坊或短期免費課程，深入介紹自媒體運營的策略，並引起觀眾進一步了解的慾望。

3. 決策階段

拿出產品或服務的正面評價、表現數據說服客戶做出購買決策，也可在此階段提供折扣促進購買。我會不時分享成功的學員案例和數據，證明自己的課程和顧問服務的效果；也會提供優惠價格的線上課程來或限時優惠的顧問服務。

4. 行動階段

客戶進行購買行為時，需確保操作過程簡單流暢，避免繁瑣的註冊和支付步驟，以免消費者流失耐心與購買意願。我的做法則是簡化課程的報名流程，確保整個購買流程簡單高效，並設置簡易支付界面、多種支付方式。

5. 維護階段

鼓勵客戶分享購買和使用經驗，增加口碑效應；並給予折扣或獎勵，培養品牌的忠實粉絲。此階段，我會主動邀請已經購課的學員分享使用經驗，並在社群中與學員互動，增強品牌忠誠度。對於老客戶，我還會提供進一步的專屬服務或顧問建議，以加深顧客與品牌的關係。

6. 迭代優化

觀察後台數據，了解客戶行為以及其對各階段互動的反應，並調整漏斗策略，不斷優化每一個階段。而我會不斷改進課程和顧問服務的質量，以提升轉化率和顧客滿意度。

總結來說，行銷漏斗的策略能讓客戶逐步升級，從吸引注意、激起興趣，到培養品牌忠誠度；產品與服務也從免費、低價到高價，最終達成高效率的變現。

而建立行銷漏斗，應該按照消費者對品牌的意識、興趣、決策與行動階段，提供不同素材與內容進行互動，最後也別忘了維護口碑，並不斷檢視與優化。

要記得，設計行銷漏斗不是一次性的工作，而是一個需要不斷優化和調整的過程。希望大家都能成功將流量化為健康的關係和互動，最終達成交易。

5-5 短影音加直播：銷售額、品牌知名度雙收

案例 如何同時操作短影音與直播？

Genie 是虛擬貨幣投資專家，經營一個加密貨幣投資的帳號。起初，她的短影音以分享市場動態、投資建議和加密貨幣的基礎知識為主，迅速吸引了大量對虛擬貨幣有興趣的觀眾。然而儘管擁有穩定的流量，但 Genie 發現，這些觀眾雖然對於深入的投資策略和高端服務感興趣，但不容易轉化為實際的付費顧客。

為了進一步提升轉化率，Genie 運用課程上的四大提問，分析完自身帳號性質、受眾輪廓、經營目標與所有資源後，決定用短影音結合直播，開始在直播中即時分析虛擬貨幣的市場走勢，並提供相應即時的投資建議和風險管理技巧，直播過程中，她還會在直播中提供一些限時優惠的專屬投資課程，吸引觀眾參與，為讀者提供具體價值。

直播讓 Genie 能夠與觀眾進行即時互動，解答投資者的疑問，不但建立了信任感，還促使不少觀眾選擇加入她的虛擬貨

幣投資課程和顧問服務。

短影音提供了穩定的曝光，而直播則讓她能夠與粉絲建立更深的關係，成功地將流量轉化為實際的銷售。最終，Genie的銷售額和品牌知名度都得到了顯著提升。

策略 短影音引流吸客；直播提高購買意願

Genie 採取的策略——「短影音」+「直播」組合，是目前短影音創作者較常採取的行銷變現模式之一。

那你可能會問：「為什麼要結合短影音和直播？」

我用一句話回答：短影音用來引流，直播用來結單，效果更好。

短影音和直播是兩種不同的行銷方式，但若互相搭配得當，可是能像 Genie 一樣，大大提高變現的效果呢！

簡單來說，創作者可以用短影音來吸引流量和關注，並透過直播與消費者建立關係，增加購買的可能性，完成變現。

短影音：吸引流量與潛在客戶

由於平台演算法傾向自然觸及的陌生粉絲，短影音可以迅速被推播給用戶，吸引關注，帶來巨大的流量。

如同前面章節提過的，在變現與成交方面，對於便宜的商品，消費者不會猶豫太久、成交率較高；但對於高價產品，通常需要更多了解與溝通才願意下單，因此建立有效的轉化過程相當重要。

直播：建立關係，完成變現

比起短影音，直播更能幫助創作者與潛在客戶建立深層的關係。

創作者可以利用直播展示產品的特點與優勢，為其增加說服力，即時回答問題，讓用戶了解產品與服務，如同 Genie 直播中與觀眾互動，展現其對投資領域的專業，建立了信任感；並搭配限時、限量或直播限定折扣等促銷活動，激發購買慾望，最終達成交易。

我適合哪一種直播形式？

隨著直播逐漸普及、用戶受眾增加，直播的形式也越來越豐富多元，我為各位整理了六種常見的類型，大家可以選擇喜歡且適合的類型嘗試。

1. 直播 PK

主播之間透過直播來進行比賽，觀眾則可以送禮物，支持自己喜歡的對象，在中國大陸版抖音上是很流行的模式。

2. 直播賣貨

即我們在變現模式時介紹的「直播帶貨」，在直播過程中展示與銷售產品，也是常見的直播形式之一。

3. 遊戲直播

直播自己玩遊戲的畫面，並與觀眾互動，可以吸引同樣喜歡遊戲的受眾。

4. 教學直播

提供課程講解或技術分享等內容，觀眾能在直播中學到實用的知識或技能，Genie 採取的形式就屬於教學直播。

5. 聊天直播

透過分享生活、心情的談話內容，建立與觀眾的情感聯繫。透過這模式，我個人的直播就曾在線超過 2000 人。

6. 跨平台直播

同時在多個平台上直播，擴大受眾範圍。

總結來說，創作者可以利用短影音吸引流量與潛在客戶，再挑選自己適合的直播形式，藉由直播的即時互動與客戶建立深度關係，提高消費者的購買意願，進而達成變現。

短影音與直播雙管齊下，讓兩種內容產生一加一大於二的加乘效果，銷售額與品牌知名度都會有顯著的提升。

另外，我也建議大家在做好定位、連接內容、獲得流量後，建立行銷商業模式後，就可以開始經營「私域」了！

老獅說小提醒

關於私域的經營與操作，我們將下一節繼續討論！

5-6 私領域變現：獨有的利益與好處

案例 為什麼需要打造私域空間？

家慧是一位健康食品品牌的創辦人，主要依靠短影音和直播來展示產品、吸引消費者。近日，家慧發現僅依賴平台的公域流量，無法穩定地與顧客建立深厚層次的關係，也難以維持穩定的銷售。

因此，家慧決定建立自己的私域空間。她邀請觀眾透通過短影音加入專屬 LINE 群組，並在群組內提供更多專屬的健康資訊、產品優惠以及會員專屬活動。這樣她不僅能直接向粉絲推廣新產品，還能獲得用戶的回饋並快速為其解惑與調整方案，提升顧客的滿意度與忠誠度。

隨著群組規模增長，她的私域社群逐漸成為她穩定變現的基礎。每當她推出新產品或限時促銷時，便優先在私域群組內公告。由於這些粉絲已培養高度的信任與互動，銷售轉換率顯著提高，甚至在一次大型促銷活動中，她僅透過私域群組就獲得超過千筆訂單。

最終，家慧的私域經營不僅提高了銷售額，也加強了與顧客的關係，成為穩定的收入來源。

策略 留住用戶、建立深度關係，穩定變現

看完家慧的故事，大家應該很好奇，「私域」是什麼？它為什麼重要？又可以如何幫助創作者變現呢？

在討論私域的建立與運用之前，先讓我說明一下私域與公域的差異。

所謂的「公域」就是網路上的公共場域，如各大短影音平台、Facebook、Instagram、YouTube 等，內容和訊息都是在公眾的範疇中流通，大家都能觀看、留言或分享。

「私域」則是相對隱密封閉的場域，由創作者邀請用戶加入，如 LINE 群、LINE@、Facebook 社團等。在私域中，創作者能更快速直接地傳遞資訊給用戶，與用戶進行更親迎的互動。

私領域的重要性極大，若需要大量拉高翻轉率，那麼到私領域就是降低溝通成本最好的機會。由於被邀請加入專屬群組與社團的粉絲信任感與黏著度高，在裡面提供產品、進行銷售，成交率會比陌生觸及的粉絲更高。

接下來，我整理了三項私域的特點與優勢，向大家說明這對創作

者的重要性。

1. 留住用戶，培養忠實粉絲

平台演算法主要依賴自然觸及，傾向將內容推播給陌生粉絲，用戶看完短影音後若無特意追蹤帳號，便會如流水般離去，不知道何時才能與創作者相遇。

創作者如果在影片中邀請用戶加入自己的私域，就像家慧號召觀眾加入 LINE 群組，就能留住這些過客，並藉由後續的更新與互動，將之培養成忠實粉絲。

2. 拉近與粉絲的距離

短影音在公域播放時，創作者只能看到觀看的總和或按讚次數，卻無法得知哪一位用戶看了自己的影片，也較難和觀眾進行單一互動。

但是在專屬私域中，創作者可以連結到用戶的個人社群、可以到對方的帳號按讚或留言，也能夠在群組或社團中提及（即 @ ／標籤其他用戶）甚至私訊對方，一下子拉近了與粉絲的距離。

3. 成交數的基礎保障

創作者透過私域與用戶拉近距離、培養出忠實粉絲後，自然也擁有了成交數的基本保障，能夠更有效率地變現，就像家慧時常於群組中回答問題、介紹新產品，頻繁的互動提高了粉絲的信任度，未來促銷時的效果也就更好了。

舉例來說，知名直播主通常會經營多個私域群組，若經營了 4 個群組，一個群組約有 5000 位成員，當這位直播主要銷售產品或服務時，在私域中公布與推廣，至少有破萬人看見，就算只有 10%的成交率，1000 筆訂單也是很不錯的表現。

綜合以上特點，私域空間被認為是非常有價值的資源，也因此許多創作者不論是製作短影音或直播，都想要經營專屬私域社群。

我會建議各位在找到定位、做出內容並獲得流量後，一定要經營個人或品牌的私域，透過更直接的互動留住粉絲、拉近距離，最終達成變現。

6 創作者的挑戰與突破成長

6-1 成功的人設：先建立 IP 及選擇好賽道

案例 不是網紅，如何擴大影響力？

我再談談自己的故事，剛開始經營自媒體時，我就意識到建立強大的人設至關重要。於是我花了不少功夫打造出清晰的品牌定位、風格和一致的內容，並聚焦在商業短影音領域，同時維持較專業正經，為觀眾提供「乾貨知識」的角色形象，逐步累積在平台社群中的影響力。

在確立人設後，考量到這個主題市場尚未飽和，且具備大規模的增長潛力和需求，我選擇以「短影音」做為發展領域，並把精力和資源投注於此，利用自己的專業知識與對行業的洞察，在這個賽道上迅速站穩腳步。

接著，為了進一步擴大影響力，我的帳號「老獅說」推出小班制課程與顧問服務，不但能塑造專業性、創造知識產權，還能實現穩定的變現。透過這樣的策略，我與團隊成功在競爭激烈的市場中脫穎而出，逐步打造出屬於自己的 IP。

策略　確立人設，找到適合領域，全力發揮

我分享自己的故事，並不是想炫耀我有多成功。而是想再次跟各位說：無論是素人、還是已經有一定基礎的創作者，只要有清晰的人設、選擇合適的賽道，並持續發揮自身的獨特性，都能在短影音領域中獲得競爭優勢，實現穩定且可持續的變現。

大家已經知道，短影音的平台與演算法規則對「素人」相當友善，即使沒有龐大粉絲基礎的創作者，也能靠著自然觸及與陌生粉絲獲得流量。

但是，擁有流量之後呢？該如何在百家爭鳴的競爭中持續存活？在我的教學生涯中，我看到許多創作者在達到流量顛峰後，就卡住了，無法繼續往前走，甚至放棄，實在可惜。在我的觀察中，不少人的問題核心在於：雖然拚命創造流量，卻忘了好好確立人設與建立IP。

IP（Intellectual Property，智慧財產權）不僅涵蓋作品，更包括個人的品牌形象。成功的 IP 擁有獨特性和經濟價值，能幫助創作者在競爭中脫穎而出，例如藝人、網紅、KOL，以及近年來崛起的短影音創作者。這也是為什麼越來越多醫生、律師、學者等專業人士投入自媒體經營，透過個人 IP 擴大影響力和創造收益。

透過我的故事大家可以發現，要打造成功的個人 IP，首先需建

立明確且可變現的「人設」。許多創作者的常見問題在於「人設模糊」，無法明確定位內容和目標受眾。

人設四大方向：品牌度、意見領袖、知識產權、個人特色

以下是我整理出四個打造 IP 的核心方向：

1. 品牌影響力

專注於在市場中建立具辨識度的個人品牌，成為目標受眾心中的形象代言。

2. 專業權威性

成為特定領域的意見領袖，具備深厚的知識體系和實績，能提供專業建議與服務。

3. 知識產權優勢

透過獨特的創作（如肖像權、著作權、專利等）增強 IP 的核心競爭力，保護並拓展自身價值。

4. 個人獨特性

即便缺乏前述三項條件，也可從自身獨有的經歷和故事出發，吸引目標受眾的共鳴和興趣，從而發展成為個人 IP。

選擇好賽道

有了 IP 之後，應該投入至哪個領域呢？若我們將所經營的領域比喻為賽道，那麼創作者們必須了解「好賽道原則」。

好賽道＝體量大 × 增長快 × 問題多 × 沒頭目

一個好的賽道有幾個核心關鍵！首先，這個領域要「夠大」，群體用戶數夠多，且「增長快」，創作者才能在大量產出影片的情況下獲取收益。

其次，賽道中的用戶「有需求」，若觀眾們對這個主題抱持好奇與疑惑，創作者便能透過內容提供答案或方向，不僅不缺影片想法，也更有機會促成交易，以及下一步的變現。就像我觀察到大眾對短影音的好奇與需求，製作相關教學內容、課程與顧問服務，創造有效的變現策略。

最後，「尚無領導者」也是好賽道的重要因素，該領域還沒出現獨占或寡占市場的強者，才有空間發展與延伸！舉例來說，在 1-2〈國際與本土市場剖析：進場的黃金時機〉中提過，台灣的短影音市場正是尚未飽和成熟的狀態，因此我也不斷提醒大家：「這是一個好賽道，千萬別錯過此波熱潮啦」。

為各位總結，創作者要考量自己的品牌力度、意見領袖、知識產權或個人特色決定人設、打造 IP，並根據「好賽道原則」選擇發揮的舞台。如此一來，素人也能夠擁有競爭力，創造健康的商業模式，一步一步實踐變現！

6-2 個人核心競爭力：維持長紅的關鍵

案例 素人該如何確立自己的優勢？如何避免選錯方向？

在短影音和自媒體領域中，確立個人的核心競爭力是創作者長紅的關鍵。前面我和大家分享自己選擇短影音做為賽道的過程，接下來，要來繼續談談我如何一步步在賽道中找到方向以及個人優勢，並發揮核心競爭力！

我大學時就讀影像科系，畢業後進入影片製作公司，逐漸累積影音製作的專業知識與能力，這些技能專長讓我能與受眾需求結合，針對大家在自媒體創作中遇到的困難提出解答。

另外，我認為自己的性格正直、專業，說話風格偏向嚴謹，因此將基礎性格特質結合，使得我在做教學內容時，獲得觀眾的高度的信任。

更重要的是，我專注於短影音創作與影片製作，並將自己的專業技能融入內容創作中，能夠為觀眾提供深入且有價值的教程，這也是我與其他競爭者的區別之一。

幾年經營下來，我累積了豐富的教學經驗，培養不少來自知名企業的學生，擁有來自商界知名專家和高評價的商業學院，這樣的小成就讓我能與其他同類型創作者拉出差距，在市場中脫穎而出，得以持續經營，成功在商業短影音領域建立自己的品牌。

策略 融合性格、技能專長與差異化優勢，定位適合的領域

不知大家有沒有發現，我先從自己擅長的影音製作開始，再透過不斷嘗試調整，一步步確立我在短影音賽道中的差異化優勢——「商業短影音教學」。

若費心建立起優秀的人設卻因選錯賽道，無法發揮所長、甚至難以被看見，便如同把時間與成本丟進水中，既浪費又可惜，因此我會建議各位：一開始先選擇自己擅長的領域，唯有擅長的領域你才有辦法深挖並且蹲得夠久。

然而，創作者該如何確定自己的優勢在哪裡呢？別擔心，我為大家整理了一道簡單的公式：

基礎人設性格＋技能專長＋差異化優勢＝個人核心競爭力！

1. 基礎人設性格

檢視自己的性格與特質，包含體型、外貌、個性等面向，分析自己應該用哪種形式呈現內容？適合嚴肅、溫暖或搞笑的風格？明確知道自己「是誰」，更能找到正確的舞台。例如，我認為我的形象與說話方式屬於正經、可信賴的類型，做教學內容的可信度與忠誠度會比較高，所以選擇這個領域。

2. 技能專長

將內容結合自己的專長，如健身、旅遊、美妝、烹飪，在分享中融入喜歡且擅長的事物，可以創造更多互動與共鳴，像我的專長便是影像製作。

3. 差異化優勢

你與其他競爭者的不同之處在哪裡？大家可以從以我的例子中發現，網路上有許多製作短影音教學的創作者，而我在其中相對成熟、學生多數是知名度高的專家、擁有非常高評價的商業學院，這些地方讓我和其他人不一樣，也是我能持續經營短影音教學的原因。

另外，大家可以在領域中設定一個「標竿」，做為努力與成長的方向。提醒各位，一開始的標竿不必過於遠大，找到與自身資金、規模差不多的標的，更有參考與對標的意義。

老獅說小提醒

關於如何找到合適的對標對手，後面章節會有更詳細的說明。

再次幫各位複習公式：「基礎人設性格＋技能專長＋差異化優勢＝個人核心競爭力」，將性格特質結合專長，並做出差異化，更能脫穎而出！

創作者要在競爭激烈的市場中立足，必須融合自身的性格特質、技能專長與差異化優勢，選擇一個合適的賽道，並持續發揮核心競爭力。這不僅能避免選錯方向，還能幫助創作者在自媒體的世界中找到屬於自己的位置，實現穩定的成長與變現。

比起一味跟風投入當下熱門的主題，花大量成本與眾多競爭者競爭流量，我更建議大家根據公式，選擇能充分發揮核心競爭力的領域做為賽道，才能夠讓好不容易建立起的人設 IP，在正確的舞台上發光。

當然，也要遵守前面介紹過的，分析自身定位、創造獨特內容、積極互動溝通、吸收回饋並調整改善、持續創新學習，不斷進步成長。

建立個人 IP 需要時間和努力，但只要明確知道自己是誰、能做什麼，並且不斷提升內容品質和經營策略，便能成功打造有價值的人設，希望大家都能在短影音的圈子裡找到自己的核心價值。

6-3 帳號標籤：讓 AI 辨識你是誰的方法

案例 如何獲得我的帳號標籤？

我的美妝創作者學生阿霞，在了解平台演算法的基本規則後，她開始積極運用帳號標籤的策略，提高自身帳號的能見度和曝光量。

在創建帳號後，她先瀏覽了大量的美妝相關內容，讓平台AI 能夠根據這些行為識別她的帳號屬性。如此在未來發布時，平台更容易推播給對美妝有興趣的用戶。

接著，阿霞選擇專注於美妝領域，創作垂直內容，如「如何打造無瑕妝容？」、「油性肌膚的妝容技巧」等垂直內容，因此成功獲得了平台在識別她的專業領域後提供給她的精準標籤，包括「美妝」、「化妝技巧」、「皮膚保養」等，成功讓平台將她的內容推送給更廣大的目標受眾。

隨著內容和互動逐漸積累，阿霞的帳號標籤變得更加明確。在平台推薦系統的運作下，她的影片觸及到更多潛在觀眾，不僅提高了觀看量和粉絲數，還獲得與品牌合作的機會。

策略 掌握五大標籤類型，聚焦垂直內容，增加觸及推播

大家發現了嗎？阿霞的故事中有一個關鍵，也就是本節要介紹的新名詞：「帳號標籤」。

帳號標籤指的是，這個帳號在此平台環境中擁有的標籤與標記，也就是被系統認定的各種分類。

就像阿霞努力製作美妝相關內容，就會被平台辨識成美妝創作者，相對來說就容易接觸到喜歡美妝主題的受眾。以短影音平台來說，就會大量發送給想要學習美妝主題內容的受眾。

至於，為什麼我認為帳號標籤非常重要？各位要記得，一個精準的標籤不但能讓用戶快速辨識、搜尋到自己，平台的演算法也會根據標籤來推播短影音，若能掌握正確且合適的帳號標籤，就可以更容易觸及對自己感興趣的觀眾，進而獲得流量，甚至變現。

內容、風格、專業、活動、受眾，你屬於哪一種？

那麼，帳號標籤是誰給我們的呢？主要來自用戶以及平台的 AI ！以下，我整理了各大短影音平台常見的五大標籤種類給大家參考：

1. 內容類型

即創作者主要製作的主題，例如旅行、美妝、寵物等。舉例來

說，當觀眾在某一頻道看到的內容幾乎都與「品嘗美食」有關，那麼就會給這個帳號「美食」的標籤。

2. 風格標籤

創作者的風格也是一種標籤分類！如幽默、正能量、諷刺或嚴肅等，若持續以特定風格來呈現內容，便有可能獲得該風格的標籤。

3. 專業領域

頻道涉及的專業領域，如科技、醫療、藝術，也是一種帳號標籤。

4. 活動和挑戰參與

短影音平台上有五花八門的活動與挑戰，而頻繁參與活動的帳號也會獲得相關標籤。AI 與用戶可能會認定，觀眾能在這個帳號看到各種新的挑戰與話題。

5. 目標觀眾

你的帳號目標受眾是青少年、家庭主婦、白領階級或創業者呢？若針對某一族群製作內容，就可能得到以觀眾輪廓區分的標籤。

當然，帳號不一定只有單一標籤，以我自己為例，因為製作短影音教學內容，我會有短影音、講師、流量、變現等帳號標籤。

了解完帳號的標籤分類之後，下一步則是如何透過 AI 辨識與用戶行為獲得正確的標籤。

讓演算法自動把內容推播給受眾

大家在使用平台時應該有發現，自己近期搜尋了什麼關鍵字，其相關內容就會出現在搜尋與推薦頁面上，對吧？這是因為 AI 在進行辨識、標籤與推播時，很重要的關鍵依據是「行為」。

以我自己為例，我的 Instagram 探索頁面充滿貓咪、狗狗等可愛的貼文與影片，原因是我下班後常看這些內容來放鬆心情，而平台記錄了這些使用行為，給予我「療癒」或「寵物」的標籤，並推送給此標籤的相關內容。而故事中的阿霞，其影片就容易被推送給擁有「美妝」標籤的用戶。

因此，身為創作者，掌握「帳號標籤」讓演算法把內容推播給正確的受眾，是非常重要！

獲得標籤三階段：認識演算法、垂直內容、定位推薦

為了讓大家能更深刻的理解與操作，我依照經營短影音的經驗，將獲得標籤分成三個階段：

1. 瀏覽相關內容，讓平台認識自己

首先建議大家，在剛創設帳號時可以先搜尋、瀏覽打算經營的領域之相關內容，使平台與演算法知道你的性質和興趣。如此一來，創作者接下來發布的內容，也會比較容易推薦給對其有興趣的目標受眾。

以阿霞為例，她創建帳號後，便可以先四處瀏覽、逛逛平台上其他的美妝教學、開箱、分享影片，讓演算法認識自己，以增加未來影片被推播給關注美妝的用戶之機會。

2. 以垂直內容獲得精準標籤

想獲得精準標籤，就要製作圍繞特定領域的「垂直內容」！

這點應該不難理解，比包羅萬象的「水平內容」，討論明確主題的帳號更容易被 AI 辨識與歸類，經過用戶行為與內容累積，便可以獲得該主題的精準標籤。阿霞能獲得「美妝」、「化妝技巧」等精準標籤，也是因為她持續製作以美妝為主的內容。

3. 形成定位推薦，掌握流量

獲得帳號標籤後，平台的演算法會依照帳號的定位進行推薦，讓內容觸及到符合標籤的用戶，用戶的觀看、留言與分享等用戶行為，又會使帳號標籤越來越明確，並藉由演算法不斷推播。這正是帳號標

籤如此重要的原因，標籤搭配演算法，就能直接影響內容未來的流量。

而除了上述平台演算法的推薦機制，帳號標籤還能讓創作者更快速且正確地被用戶搜尋到，品牌方也可能藉由帳號標籤選擇合作對象。因此，帳號標籤絕對是經營短影音的成敗關鍵之一！

為大家複習，透過標籤獲得流量的祕訣包含：先瀏覽相關內容，讓平台認識自己，接著經營垂直內容，使 AI 判定並分配精準標籤，最後以演算法的定位推薦獲得流量

6-4 參考「爆款」：減少試錯成本

案例 如何讓競爭對手變成你的助力？

我的學生庄埈是一位經營健身的短影音創作者，起初他的影片並未引起太多觀眾的關注。後來，他開始觀察參照與自己相似的健身創作者，並分析他們的成功因素。

庄埈專注於居家健身和健康飲食的頻道。這些帳號的目標受眾和自己一樣是年輕人和剛開始健身的族群。另外，他也會瀏覽平台推薦的健身類內容，並從中尋找到表現優異的創作者。

透過研究這些創作前輩們的作品，學習並思考後，庄埈從他們的內容形式、標籤選擇、互動方式中汲取靈感，並結合自己個人的特色來創建新內容。這樣一來，他不僅避免了大量的試錯成本，也減少了創作過程中的不確定性。最終，庄埈的健身帳號開始吸引更多的觀眾，並且逐步提升了曝光率。

策略 篩選四法，找到對標帳號並學習內化

大家記得嗎？我在前面章節討論賽道選擇時提過，新進創作者可以把同領域中的競爭者當成「對標」，做為方向參考與努力目標。

聽完庄埈的故事，這一節則要來聊聊如何選擇適合自己的對標對手，以及找到之後，我們能如何觀察、分析和取經！

首先，怎麼在茫茫創作者海中找到對標帳號？這邊推薦大家從以下四個面向著手，篩選出與自己條件一致的競爭者：

1. 主題內容

首先，大家可以從與自己相同或類似主題的帳號開始，觀察呈現手法與風格，從中找到精準的對標帳號。搜尋欄位下和你類似的關鍵字就非常容易找到。

2. 目標受眾

確認自己的目標受眾輪廓，包含年紀、性別、職業、興趣、消費習慣等，尋找擁有類似受眾的帳號。以庄埈為例，他知道自己瞄準的是年輕人與剛開始健身的族群，因此以 50 多歲用戶為主要客群的帳號，就不是他適合的參考的對象。

3. 平台推薦

前面說過，在開始經營前大家可以先多瀏覽相關內容，讓平台與演算法認識你，並透過演算法推送相關內容，而這些系統推薦的優秀影片也是理想的對標選擇。例如我的短影音帳號，就非常容易看到同性質的創作者。

4. 指標數據

觀察短影音的按讚、留言、分享等關鍵數據，留意在各項目上表現優異的帳號，就可以迅速找到相同領域中的好內容。

我建議大家，透過以上方式找到至少 5 名「3 個月內流量表現佳」的競爭者，並進一步分析其拍攝方式、成本規模、產出數量，衡量自己的條件，決定是否應該把對方當成對標帳號。

老獅說小提醒

由於台灣的短影音社群尚未成熟，各領域還沒有明顯突出的領頭羊，我會建議大家放眼相對成熟的中國大陸或是國際的創作圈，尋找對標帳號！

找到對標之後，大家可以去檢視這些帳號的「爆款腳本」，觀察、分析、內化，來降低自己的試錯成本。

當然，大家千萬要記住，創作者絕對不能抄襲！各位可以參考流量好且點讚數高的影片，並以自己的方法與觀點呈現，前提是內容一定要是原創。現在網路的受眾眼睛都很銳利，很容易被看破，建議大家以自己的原創出發。

透過觀察對標帳號，分析這個主題為什麼受歡迎？此呈現方式與風格為何容易被分享與討論？以及自己能否做到、適不適合自己？有了學習效仿的對象，會比自己土法煉鋼、從零構思一個新主題更有機會成功，同時能有效降低失敗與修正的「試錯成本」。

另外，平台的內部工具如後台數據、關鍵字、推薦趨勢等，也可以幫助創作者衡量帳號表現，確認現在製作的內容與所參考的對標帳號是否真正適合自己。

最後為各位總結，創設帳號初期，我們可以藉由主題、受眾、推薦與指標數據等方向來尋找對標帳號，並衡量自己的條件與資本，判斷是否將對方設為學習對象；接著，參考對標帳號表現優秀的影片內容與腳本，分析後內化為自己的觀點和詮釋。

如此一來，便能站在巨人的肩膀上，成功將競爭對手變為我們的助力，看得更遠、走得更久！

6-5 新手避雷區：無法獲得曝光與流量的行為不要做！

案例 不犯哪些錯誤，就離成功不遠了？

坤鑫是一位剛起步的企業家，想透過短影音宣傳自家健身產品，但卻一直無法突破曝光量的瓶頸。與其他短影音創作者交流後，他發現了幾個在經營上的問題。

首先，他的影片雖然展示了很多健身動作，但多數是隨手錄下的演示，缺乏引人入勝的開頭或結尾，也沒有清晰的主題或焦點，因此難以提供觀眾具體的價值。此外，他也曾試過在影片展示自己的私人生活，分享一些與健身無關的旅行或生活片段，讓粉絲對頻道的定位甚至他的專業感到困惑。這些錯誤不僅浪費了大量時間和精力，還讓他錯過了許多潛在受眾。於是，他重新精心規劃每一支影片的主題和結構，確保影片內容簡短、重點突出，並專注於打造鮮明的品牌形象。

經過調整，坤鑫的影片煥然一新，獲得更多觀看與分享，並且穩步提升了帳號的曝光度，成功建立起具識別度的健身品牌。

策略 避開十大常見誤區，加速蛻變，輕鬆成為高手

本書的最後，透過坤鑫的故事，我要帶大家來檢視經營短影音常犯的十個錯誤。

這些新手誤區該如何避開呢？答案正在前面的章節中！

各位不妨將本篇作為全書的總複習，藉此重溫我們介紹過的短影音概念、策略與執行方案，從中找到修正與優化以下錯誤的解法。

新手常見誤區

1. 過度使用特效與濾鏡

效果誇張的特效和濾鏡，一開始或許會帶來新鮮感，但若頻繁使用，恐怕會造成觀眾觀看體驗不佳。我會建議大家根據自己的調性去設計風格，不要過度使用特效和濾鏡。

老獅說複習區

4-3〈五大實用剪輯技巧：短影音創作不再是難事〉

2. 音訊品質差

背景環境音太吵、背景音樂太大聲等，會使觀眾聽不清楚人聲，如前面篇章提到的，若進行戶外或移動的拍攝，務必使用麥克風收音。

老獅說複習區

4-1〈拍攝設備盲點：不是貴的就一定比較好〉

3. 沒有明確主題

許多新手會陷入「不知道要拍什麼」的困境，要記住，短影音與限時動態不同，不適合漫無目的的隨手分享生活。規劃明確的主題，快速切入重點，用戶才會願意停下來觀看，千萬別像初期的坤鑫一樣，把時間花在與帳號主題無關的內容上啦。

老獅說複習區

2-3〈內容主題定位：六個必備選題角度〉

4. 缺乏敘事結構

沒有人愛看流水帳！除了內容主題，敘事結構也很重要。我習慣以清晰有力的痛點做開頭，並用問句結尾，為觀眾總結影片內容和結論。

老獅說複習區

3-1〈爆款文案寫作：增強追蹤與訂閱的動機〉

5. 內容冗長

現在觀眾的注意力有限，如前面章節提過的，儘量將影片控制在60秒之內，並以此長度設計腳本，在簡短的篇幅中把想傳達的資訊說清楚。

老獅說複習區

3-2〈打造吸睛開場：五種開場神器〉

6. 忽視目標觀眾

舉例來說，明明產品與服務的銷售對象是家長，影片標題和內容卻都以小朋友為目標來設計，那就很難吸引真正的消費者購買。

釐清自身定位與目標對象，針對受眾進行溝通，才能有效達成交易。

老獅說複習區

1-5〈變現起點：全面布局定位、策略、價值〉

7. 不理解平台

不同平台有不一樣的特性，平台用戶的年齡、地區，甚至喜歡的內容與形式也不盡相同。若不夠理解使用的平台，便可能做出完全不符合使用者的內容，白白浪費了時間與成本。

老獅說複習區

2-6〈影響流量的鑰匙：各平台用戶行為權重分配〉

8. 成本太高

有些創作者一開始就把預算拉得太高，買設備、租攝影棚，一支影片的製作費用破萬元，投資成本過高，影片收益卻跟不上，就無法長期經營。

老獅說複習區

4-1〈拍攝設備盲點：不是貴的就一定比較好〉

9. 人設錯誤

不要頻繁產出與人設無關的內容！比方說，主打「親子」的短影音帳號，卻時常發布寵物相關的影片，長期下來追蹤者便容易感到混亂、甚至取消關注。

提醒大家，製作符合人設的內容，才能有效塑造自身 IP，建立差異化和識別度。

老獅說複習區

6-1〈成功的人設：先建立 IP 及選擇好賽道〉

10. 不定期更新

我們不斷強調，經營短影音必須持續更新，才能被大家認識與記住，累積火力、站穩腳步。在這邊給大家明確的數字：一週最少產出 3-4 支短影音。

而想要快速且頻繁製作影片，可以參考本書第四章的介紹，選擇適合自己的拍攝形式、準備簡單的設備、善用剪輯軟體與 AI，新手也能穩定地產出作品。

老獅說複習區

4-4〈高效量產影片：AI 當助手讓創作更輕鬆〉

以上十點之外，另外也提醒大家，上傳影片前別忘了檢查最後兩個小地方：不要出現奇怪的浮水印，不提及醫療、暴力、政治等敏感主題。確定作品一切沒問題，才能以最好的狀態登上舞台！

為各位總結，身為短影音菜鳥，容易犯下過度使用特效與濾鏡、收音不佳、無明確主題與敘事結構、影片冗長、不理解目標受眾與平台、成本過高、人設錯誤與未定期更新等錯誤。

這些錯誤並非無法挽回，最怕的是因為這些錯誤，使影片無法獲得曝光與流量，投入心力卻得不到回報，創作者便容易失去熱忱，最後放棄短影音。

大家要記得，避開以上新手常見誤區，加速蛻變，成為高手！

國家圖書館出版品預行編目資料

老獅說教你用短影音賺大錢：38案例分析×38應用策略，千萬教練帶你從無名小白變身業績王／老獅說 Lion 著. -- 初版. -- 臺北市：商周出版：英屬蓋曼群島商家庭傳媒股份有限公司城邦分公司發行，2025.1

面；　公分

ISBN　978-626-390-372-2（平裝）

1. CST：網路社群　2.CST：網路行銷

496　　113017923

老獅說教你用短影音賺大錢：
38案例分析X38應用策略，千萬教練帶你從無名小白變身業績王

作　　者／老獅說 Lion
責任編輯／王拂嫣
文字整理／李德庭

版　　權／吳亭儀、江欣瑜、游晨瑋
行銷業務／林秀津、周佑潔、林詩富、吳淑華、吳藝佳
總 編 輯／程鳳儀
總 經 理／彭之琬
事業群總經理／黃淑貞
發 行 人／何飛鵬
法律顧問／元禾法律事務所　王子文律師
出　　版／商周出版
城邦文化事業股份有限公司
台北市南港區昆陽街 16 號 4 樓
電話：(02) 2500-7008　　傳真：(02) 2500-77598
E-mail：bwp.service@cite.com.tw
發　　行／英屬蓋曼群島商家庭傳媒股份有限公司城邦分公司
聯絡地址／台北市南港區昆陽街 16 號 5 樓
書虫客服服務專線：(02) 25007718．(02) 25007719
服務時間：週一至週五上午 09:30-12:00；下午 13:30-17:00
24 小時傳真專線：(02) 25001990．(02) 25001991
服務時間：週一至週五 09:30-12:00．13:30-17:00
劃撥帳號：19863813；戶名：書虫股份有限公司
讀者服務信箱 E-mail：service@readingclub.com.tw
城邦讀書花園 www.cite.com.tw
香港發行所／城邦（香港）出版集團有限公司
香港九龍土瓜灣土瓜灣道 86 號順聯工業大廈 6 樓 A 室
電話：(852)2508-6231　　傳真：(852)2578-9337
Email：hkcite@biznetvigator.com
馬新發行所／城邦（馬新）出版集團【Cite (M) Sdn. Bhd.】
41, Jalan Radin Anum, Bandar Baru Sri Petaling,
57000 Kuala Lumpur, Malaysia
電話：(603) 90563833　　傳真：(603) 90576622
Email：services@cite.my

封面設計／徐璽設計工作室
電腦排版／唯翔工作室
印　　刷／韋懋實業有限公司
經 銷 商／聯合發行股份有限公司　　電話：(02) 2917-8022　　傳真：(02) 2911-0053
地址：新北市新店區寶橋路 235 巷 6 弄 6 號 2 樓

■ 2025 年 1 月 17 日
Printed in Taiwan

城邦讀書花園
www.cite.com.tw

定價／ 450 元

ISBN：978-626-390-372-2